地球、宇宙与空间科学（地理）

探究式学习丛书
TanjiushiXuexiCongshu

自然资源保护
PROTECTION OF NATURAL RESOURCES

（上）

人民武警出版社

图书在版编目（CIP）数据

自然资源保护（上）/潘虹梅编著.—北京：人民武警出版社，
2009.10

（地球、宇宙和空间科学探究式学习丛书；10/杨广军主编）

ISBN 978－7－80176－369－3

Ⅰ.自… Ⅱ.潘… Ⅲ.自然资源－资源保护－青少年读物
Ⅳ.X37－49

中国版本图书馆 CIP 数据核字（2009）第 192306 号

书名：自然资源保护（上）

主编：潘虹梅
出版发行：人民武警出版社
经销：新华书店
印刷：北京龙跃印务有限公司
开本：720×1000　1/16
字数：2888 千字
印张：23.25
印数：3000－6000
版次：2009 年 10 月第 1 版
印次：2014 年 2 月第 3 次印刷
书号：ISBN 978－7－80176－369－3
定价：59.60 元（全 2 册）

《探究式学习丛书》
编委会

出 版 说 明

与初中科学课程标准中教学视频 VCD/DVD、教学软件、教学挂图、教学投影片、幻灯片等多媒体教学资源配套的物质科学 A、B、生命科学、地球宇宙与空间科学三套 36 个专题《探究式学习丛书》，是根据《中华人民共和国教育行业标准》JY/T0385－0388 标准项目要求编写的第一套有国家确定标准的学生科普读物。每一个专题都有注册标准代码。

本丛书的编写宗旨和指导思想是：完全按照课程标准的要求和配合学科教学的实际要求，以提高学生的科学素养，培养学生基础的科学价值观和方法论，完成规定的课业学习要求。所以在编写方针上，贯彻从观察和具体科学现象描述入手，重视具体材料的分析运用，演绎科学发现、发明的过程，注重探究的思维模式、动手和设计能力的综合开发，以达到拓展学生知识面，激发学生科学学习和探索的兴趣，培养学生的现代科学精神和探究未知世界的意识，掌握开拓创新的基本方法技巧和运用模型的目的。

本书的编写除了自然科学专家的指导外，主要编创队伍都来自教育科学一线的专家和教师，能保证本书的教学实用性。此外，本书还对所引用的相关网络图文，清晰注明网址路径和出处，也意在加强学生运用网络学习的联系。

本书原由学苑音像出版社作为与 VCD/DVD 视频资料、教学软件、教学投影片等多媒体教学的配套资料出版，现根据读者需要，由学苑音像出版社授权本社单行出版。

出 版 者

2009 年 10 月

卷首语

自然资源——孕育生命的海洋、承载生灵的土地、消逝的森林与珍贵的野生动物，变幻莫测的气候状况与千奇百怪的地球之最，是人类生存和发展的物质基础和社会物质、精神财富的源泉，千百年来，自然资源以各种形式孕育了厚重的人类文明史。

但是中国经济发展到今天，人口多与资源少的矛盾，生产扩大与环境污染及资源浪费的矛盾日益突出，随着经济不断发展和人口不断增加，水、能源和矿产资源不足的问题越来越严重，生态环境破坏和保护的矛盾越来越激烈。本丛书通过精美的插图、精炼的语言、探究的手法，既勾勒出一个多姿多彩的自然，也展现了丰富多样的资源，以及在利用自然资源过程中所出现的种种负面因素，试图教会我们寻求一种利用和保护的平衡点——如何去做，如何去想；如何利用，如何对待。

目　　录

人类生存的基石——土地资源

地球、宇宙与空间科学（地理）

人类未来的希望——海洋资源

大自然的精灵——生物资源

地球慷慨的馈赠——矿产资源

地球、宇宙与空间科学（地理）

留住美好自然——气候资源

天苍苍，

　野茫茫，

　　风吹草低见牛羊。

地球、宇宙与空间科学(地理)

为什么林木如此葱郁

什么叫气候资源?

气候资源是指大气圈中的光能、热量、气体、降水、风能等可以为人们直接或间接利用、能够形成财富,具有使用价值的自然物质和能量,是一种十分宝贵的可以再生的自然资源,是未来人们开发利用的丰富、理想的资源,只要保护好这种资源,就可以取之不尽,用之不竭。

为什么说气候是一种资源,它在我们生产生活中又起到什么作用呢?我们又应该怎样来保护、开发和利用气候资源呢?

源源不断的能量来源——太阳辐射

太阳辐射是太阳向宇宙空间发射的电磁波和粒子流。地球所接受到的太阳辐射能量仅为太阳向宇宙空间放射的总辐射能量的二十亿分之一，但却是地球表层能量的主要来源。

自然界的一切物体，只要温度在绝对温度零度以上，都以电磁波的形式时刻不停地向外传送热量，这种传送能量的方式叫做辐射。太阳辐射是太阳向宇宙空间发射的电磁波和粒子流。

太阳是个炽热的大火球，它的表面温度可达 6000℃，它以辐射的方式不断地把巨大的能量传送到地球上来，哺育着万物的生长。

太阳辐射的波长范围，大约在 $0.15 \sim 4$ 微米之间。在这段波长范围内，又可分为三个主要区域，即波长较短的紫外光区、波长较长的红外光区和介于二者之间的可见光区。太阳辐射的能量主要分布在可见光区和红外区，前者占太阳辐射总量的 50%，后者

光芒夺目的太阳

占 43%。所以说太阳辐射能主要集中于短波波段,故将太阳辐射称为短波辐射。

我们直接接触到的是太阳光,通过太阳光就可了解太阳的温度。将一个直径 1 米的凹面镜对着太阳,逐渐调整焦点,当得到一个小硬币大小的太阳像时,把一片金属放在焦点上,金属片立即弯曲熔化了。测定焦点上的温度是 3500℃。因此,太阳上的温度绝不会低于 3500℃。人们通过对温度和光的辩证关系的分析,也逐渐地掌握了太阳的温度。用通俗的话讲,每个温度都可以对应一种颜色,比如打铁,"烧红的铁"就是说 1000 度的铁会发出红光。而炼钢炉的高温对应了偏黄的颜色,就是对应了更高的温度。我们平时看到的太阳光是金黄色的,考虑到地球大气层的吸收,太阳颜色就与 6000 摄氏度.的温度相对应。当然,这是太阳的表面温度(也就是说,是我们肉眼所见的太阳光球层的温度)。至于太阳中心的的温度,据推算,大约有 2000 万摄氏度。

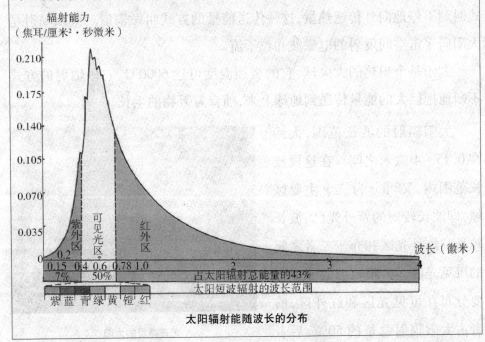

太阳辐射能随波长的分布

我们不能拿温度计到太阳上去，那怎么量太阳的温度呢?

广闻博见

太阳温度是怎么测量的呢?

广闻博见

妈妈为什么要晒被子?

晒被子也要讲科学

紫外线的保健作用

过度接触紫外线,会烧伤皮肤,或引起老年性白内障,甚至引起皮肤癌等。但适量的紫外线对人体却有许多好处:

杀菌消毒:人体的表皮中分布着一种基底细胞,这种细胞含有"黑色素原"是一种酪氨酸物质,在紫外线的作用下,"黑色素原"变为黑色,沉着于被晒的皮肤表面,使皮肤呈均匀的黑褐色。这就是日光晒黑皮肤的重要原因。这种沉着的色素可吸收较多的光能,迅速转变为热能,并刺激汗腺分泌而散热。晒太阳能杀死皮肤上的细菌,预防疖疮、毛囊炎等皮肤病。室内常进阳光,勤晒被褥,可减少疾病的传播。

促进钙磷代谢:人体皮肤中含有固醇类物质,这种物质经阳光中的紫外线照射可变为维生素D。维生素D进入血液后改善钙、磷的代谢,有抗佝偻病、骨软化和老年骨质疏松的作用。

紫外线

紫外线是病毒克星

我们一起来日光浴

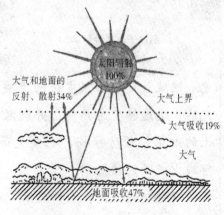

在日照不足的国家，婴幼儿的佝偻病和成人的骨质软化和骨质疏松症的发病多，因此适量的日照是必要的。但晒太阳并不是越久越好，过量的紫外线会引致皮肤癌，白内障等疾病。

那么，应在什么时间接受紫外线？盛夏时11－17时不宜接受阳光晒，因为这段时间红外线太强，一般能达到每分钟每立方米1.5卡以上，所产生的温度是37℃－45℃。春秋季节7－10点，或15－16点，这段时间，阳光中紫外线强，红外线弱。

太阳辐射光和地面上所有生物的生存息息相关，太阳辐射光产生于太阳能表面大气层的最外层，而它在通过大气到达地面的过程中，要受到削弱。

太阳辐射通过地球大气时，由于大气的吸收、反射和散射作用，使到达地面的太阳辐射受到削弱，削弱的主要部分是波长较长的红外线和波长

地面只吸收47%的太阳辐射能

较短的紫外线，而可见光部分被削弱的较少，所以到达地面的太阳辐射主要集中在可见光部分。可见光集中了太阳辐射一半的能量，它给予地球表面以巨大的能量。

那是因为同一地点不同时间太阳度高角不同。太阳高度角小，受热面积大，光热分散，获得太阳辐射能量少，因此太阳辐射强度小。太阳高度角大，受热面积小，光热集中，获得太阳辐射能量多，因此太阳辐射强度大。

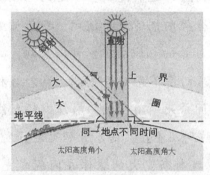

都是太阳高度角搞的鬼

为什么阴天光照强度小，晴天则大？为什么一天中，早晚的光照强度小，中午则大？

太阳会爆炸吗？

荷兰科学家万·杰尔·梅尔提出骇人听闻的假设：我们的太阳还剩下只有6年的时间。

如果说太阳快没了的话，那我们的生活会怎样呢？

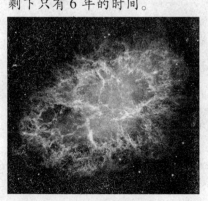

超新星爆炸

太阳的存在还剩下多少年？科学家的回答是：太阳的年岁约45亿年。在此期间，它将耗去太阳核里一半的氢。换句话说，这些"燃料"足够太阳燃烧40—50亿年。这个年限如此之长，人们完全可以高枕无忧。但是，不久前荷兰的天体物理学家万·杰尔·梅尔语出惊人。

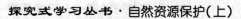
他根据最近几年太阳核温度变化的数据，得出骇人听闻的结论：现在太阳正发生的一切类似超新星爆炸前的变化。万·杰尔·梅尔认为，太阳核的温度通常为华氏2700万度，但最近这些年上升到4900万度。如果太阳核以此速度继续变热，而这个过程又不可逆转，那么，太阳大约6年之后不可避免会爆炸。

想了解太阳爆炸的后果，可以观察离爆炸过的超新星很近的一颗行星的变化。太阳地球物理学院西伯利亚分院的图像资料演示：超新星爆炸后约8分钟，整个星空淹没在巨大而可怕的耀斑之中。可以看到，随着爆炸发出的使人目眩的光芒，一起到来的看不见的X射线、紫外线和辐射是如此强大，冲破大气保护层，瞬间杀死所有生物。爆炸的辐射能量使大气层和行星表面的温度一下子加热到几千度。海水开始大量蒸发。行星被灼热的气体笼罩。透过浓雾，一只渐渐变大的球体在闪闪发光，夜色苍穹红里透紫，构成的图案十分可怕。赤热的电离气云状物以每秒几千公里的速度渐渐遮住整个星空。超新星爆炸喷发出来的通红的岩浆以迅雷不及掩耳之势滚滚而来，很快到达那颗很近的行星，带来一场毁灭性的灾难。设想一下，太阳爆炸，有人居住的地球这颗行星的历史也将随之结束。经过很长时间之后，沉寂的行星上放射性的熔化灰渣才开始慢慢冷却。

不过，令人欣慰的是，荷兰科学家的理论只是一种假设。俄国专家对此表示怀疑：万·杰尔·梅尔根据太阳核温度增高而得出的结论听起来很吓人，但实际情况正相反。卫星不间断记录最近几十年太阳的辐射通量表明，我们的行星系里，能量的主要来源——太阳所释放的能量跟过去一样是很稳定的。

◆各个地点得到的光照资源一样吗？

地球上不同地区、不同季节、不同气象条件下到达地面的太阳辐射

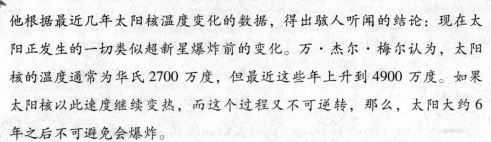

强度都是不同的。总体上来说，赤道附近的多于两极的，西部的多于东部；干燥地区多于湿润地区；高原多于平原；夏天多于冬天。这是因为赤道附近的太阳高度较高，日照时间长，而愈干旱的地区，太阳日照时间时数愈多，因此就出现赤道附近的光照资源多与两极，西部地区多与东部。

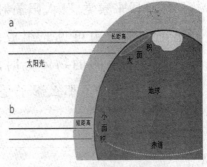

高纬和低纬的太阳辐射能不同

太阳对地球的照顾是不公平的，那么，哪些地区得到的太阳辐射多，哪些地区得到的太阳辐射少呢？

广闻博见

紫外线是病毒克星

太阳辐射是气象观测指标中重要内容，根据国际气象组织 WMO 标准要求，太阳辐射标准观测分为：总辐射、散射辐射、直接辐射、反射辐射、净全辐射；太阳辐射分光谱观测分为：紫外光、可见光、紫蓝光、绿光、澄红光、红外光。

物理课本上告诉大家"光就是一定波长范围（一般指1000微米到0.04微米）的电磁波。它或是能引起视觉（可见光），或是能用光学仪器、

摄影等手段来察觉。"太阳辐射光谱绝大部分由可见光组成，当它照在不透明的物体上时，

就可以产生影子。那么影子是如何产生的呢？让我们一块来做个小游戏吧。

课外小游戏

　　小时候的很多个晚上，大人在哄我们的时候，经常会把两只手交叉握在一起，让十个手指组成不同的形状，然后让我们在墙壁上看形成的影子：有小猫、小狗、马、孔雀……那时我们好象到了动物园一样，玩得不亦乐乎。长大后才知道这里蕴含了形成影子必不可少

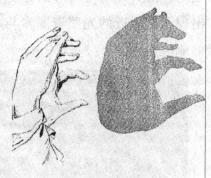

"狗熊"是这样形成的

的三个条件：光源（电灯或太阳）、不透明或半透明的物体（手）、屏幕（墙壁）。最主要的原因是光线是沿直线传播造成的。

 ## 太阳升起 生命不息——光照资源的利用

　　生活中，我们早已对太阳见怪不怪了，但不管我们注意到没，我们每天都在利用着光照资源，当你漫步在阳光弥漫的草地，奔跑在夕阳斜照的沙滩，尽情享受着日光浴的时候，你可想过是谁带给你这无穷的乐趣？光照对生产生活还有哪些影响呢？我们一起来看看吧！

 光照对农业生产有什么影响呢？

　　光照是农作物生长的必要条件，因为任何植物的生长只有经过光照

光照对我们的生产生活有什么样

才能进行光合作用，植物的光合作用将无机能转化为有机能，将太阳能转化为化学能供给自身的生长需要。光照强，合成的有机质就多，如果配上光照长度长，就可获得高产、优质的产品。这就是拉萨附近的小麦穗大、粒满、高产、优质的原因。

探究性学习

探究光合作用的影响因素

光合作用是指绿色植物吸收光能，同化二氧化碳和水，制造有机质并释放氧气的过程。光合作用的总反应式为：

$$6CO_2 + 6H_2O \xrightarrow{绿色植物} C_6H_{12}O_6 + 6O_2$$

光照是植物光合作用的动力，在一定范围内，光合作用速率随光照强度的增强而加快，但光强增加到一定强度，光合作用速度不再加快。影响光合作用的因素还有温度、CO_2、水和其他矿质元素。

给你实验材料和实验仪器，你该怎么样设计实验来探究影响光合作用的因素呢？
实验材料：叶龄相当的蚕豆叶片、菠菜叶、青菜叶
实验仪器、试剂：钻孔机、烧杯、注射器、不同功率的灯、镊子、不同浓度的$NaHCO_3$、蒸馏水、温度计、酒精灯

小小科学家

光合作用产生氧气的小实验

取大三角瓶，放入适量的生长旺盛的金鱼藻（或其它水生绿色植物），装满清水，选用合适的橡胶塞，用打孔器打两个孔，其中一小孔

地球、宇宙与空间科学（地理）

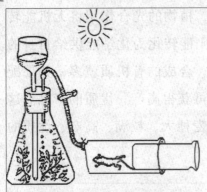

光合作用产生氧的趣味实验

插一长颈大漏斗，另一小孔插入一玻璃管，其上接一乳胶管，管上具有一止水夹，乳胶管另一端接在注射器的针管处（图）。将胶塞塞入瓶口使瓶内无空气，漏斗颈直达瓶底，用凡士林将瓶口与胶塞、胶塞与漏斗颈之间的缝隙密封，将三角瓶置于阳光下，大注射器内放入一小动物，你会发现什么？

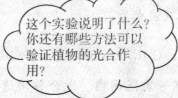

这个实验说明了什么？你还有哪些方法可以验证植物的光合作用？

光照对畜牧业生产有什么影响呢？

畜牧业生产中，常用红外线灯作为热源，对雏鸡、仔猪、羔羊和病、弱畜进行照射，这不仅可以采暖御寒，而且还可改善机体的血液循环，促进生长发育。用紫外线光源对畜禽舍进行灭菌。目前在鸡、鸭、猪等畜禽舍使用的低压汞灯，辐射出254nm紫外线，具有较好的灭菌效果。家禽对光色比较敏感，尤其是鸡。自然条件下，在日照时间逐日增长季节（从冬至到夏至）育成的雏鸡，比日照逐日缩

为什么鸡的产蛋会出现淡旺季？

短季节（从夏至到冬至）育成的雏鸡，性成熟要早。因日照增长有促进性腺活动的作用，日照缩短则有抑制作用，所以鸡的产蛋会出现淡旺季，一般在春季逐渐增多，秋季逐渐减少，冬季基本停产。

鸡舍里为什么要装灯？

向太阳要能源

人类对太阳能的利用有着悠久的历史。我国早在两千多年前的战国时期，就知道利用四面镜聚焦太阳光来点火，知道如何利用太阳能烤晒农副产品等。到了近代，人类更是不断开发太阳能源，研制出太阳能装置。

太阳能热水器

太阳能热水器就是吸收太阳能的辐射热能，加热冷水提供给人们在生活、生产中使用的节能设备。使用太阳能热水器可以节约很多能源，还可以防止污染。每平方米平板太阳能集热器平均每个正常日照日，可产生相当于 2.5 度电的热量，每年可节约标准煤 200 公斤左右，可以减少 700 多公斤 CO_2 的排放量。

太阳能灯具

太阳能热水器

太阳能灯是利用太阳电池组件发电，蓄电池储电，控制器控制蓄电池的充放电来工作的。白天，当阳光照射到太阳电池组件表面，太阳能电池板接收太阳辐射能，并通过控制器对蓄电池进行充电；夜晚，光线逐渐减弱，阳电池的工作电压，工作电流不断下降，当工作电

地球、宇宙与空间科学（地理）

压小于控制器设定电压时，太阳能灯点亮。

太阳能装饰灯

太阳能路灯

太阳房

太阳房是指主要靠太阳能来采暖和空调的房屋，将房屋建造成冬季尽可能多地获取并贮存太阳能，夏季则尽可能少吸收太阳能，以达到冬暖夏凉的目的。

太阳房

小小科学家

自制简易太阳能热水器

[材料]

大玻璃管；小玻璃管；大凹面镜；黑玻璃瓶；绳子。

[试验]

第一种方法：大玻璃管套在小玻璃管外面，里面的管子半边涂成黑色，透明一面朝向太阳。两管子最好不要有接触。

第二种方法：用大凹面镜，在焦点处放一黑玻璃瓶。

你还能想到什么好办法呢？

太阳房简介

太阳房是指主要靠太阳能来采暖和空调的房屋，分为主动式和被动式两大类。主动式太阳房的采暖方式和利用常规能源的采暖系统基本上相同，所需费用很大。被动式太阳房是在设计房屋时，从传热学的原理出发，将房屋建造成冬季尽可能多地获取并贮存太阳能，夏季则尽可能少吸收太阳能。简言之，利用被动不添置附加设备的情况下，将房屋建成能自动达到冬暖夏凉的效果。这种技术，各国长期以来都积累了许多成功

让阳光直接射入室内

的经验，只是在能源费用低廉时期，这些技术被设计师和建筑师忽视了。被动式太阳房有很多形式，但从基本原理来讲，有四种：1、直接受益：使阳光通过具有合适方向的窗口，直接射入室内；2、蓄热墙：阳光首先被涂黑的垂直实心墙吸收，为防止热散失，在墙外盖有玻璃，这样墙所吸收的热量通过其自身传到室内；3、附加温室：在向阳的墙面附加一个具有合适方向的温室；4、房顶蓄热层，在房顶放置蓄热水袋，在水袋上装有可移动的盖板，用它来控制蓄热水袋应否吸收阳光和应否隔热，以达到冬暖夏凉的目的。显然，被动式太阳房的成本低，基本上不需要运行和维修费用，故发展很快。据一所研究

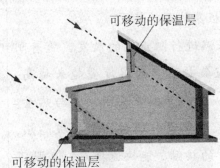

可移动的保温层

可移动的保温层

地、墙蓄热太阳房

所的报告称，全世界已有 10 万幢被动式太阳房，其中美国占一半，可减少能耗 30－80%。近十年来，我国在甘肃、西藏、青海、内蒙古、天津、北京等省市已建成了一大批试验和示范性被动式太阳房，约有 17 万平方米。对北京市改建或新建的几种不同结构的被动式太阳房，经过二三年来的测试表明，在冬季室内最低温度为摄氏 6～9 度，一天平均温度在摄氏 12 度以上。因此，冬季采暖基本上不需燃料，很受农民欢迎。

附加温室

知识链接

你知道太阳能集热器是怎么工作的吗？

太阳能高效平板集热器工作原理主要是：太阳光的辐射能产生可见光与近红外线，透过平板集热器玻璃盖板，进入平板集热器内部，遇到换热器的有色涂层，光即转变成热。在物理学上，热的辐射也是物质运动的形式，主要为红外辐射。产生的热同时将换热器的翅片加热，由换热铜管将热量及时的转化出平板集热器的装置。

因为平板集热器的四周采用各种保温进行阻止热的散发，随着阳光照射时间的增加，能量会聚集，平板集热器里的温度会越来越高，可达 160℃左右。可以满足各种太阳能应用领产品需要的温度与热量。为实现平板集热器的高温高效运作，采用中空玻璃进行了盖板隔热，采用更多翅片面积实现吸热与换热铜管的接触，能快速换热。克服了以往平板集热器冬天散热大的缺点，使太阳能的应用领域更广泛。

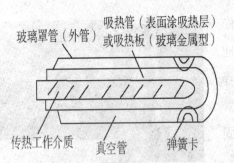

玻璃罩管（外管）

吸热管（表面涂吸热层）或吸热板（玻璃金属型）

传热工作介质　　真空管　　弹簧卡

全玻璃真空管太阳能集热器结构图

想一想，太阳能还有哪些用途呢？

浸润万物显芳华——降水资源

降水=水资源？

降水是陆地一切水资源的来源，可以看作是水资源的上限值。但降水并不是水资源。这是由于一年降水一般只集中于若干个降水过程中，具有阶段性，无法满足生物界和人类社会的连续用水需要。降水量只有经过地面及地表贮存后，才能变成连续从水的水资源

什么是降水呢？

地面从大气中获得的水汽凝结物，总称为降水。它包括两部分，一是大气中水汽直接在地面或地物表面及低空的凝结物，如霜、露、雾和

降水怎么形成的呢？

雾淞，又称为水平降水；另一部分是由空中降落到地面上的水汽凝结物，如雨、雪、霰雹和雨淞等，又称为垂直降水。但

是单纯的霜、露、雾和雾淞等，不作降水量处理。在我国，国家气象局地面监测规范规定，降水量仅指垂直降水，水平降水不作为降水量处理。

从云雾降落到地面的液态水或固态水。常见的形式有雨、雪、冰雹等。

大气降水是陆地上水资源的根本来源。降水来自云中，但有云并非都有降水。降水形成必须具备一定条件。一是大气中要有充沛的水汽；二是要有较强的气流上升运动。

露	霜
雾淞	

 云滴是怎样长成雨滴的呢？

雨是由云"变"来的。雨滴的体积是云滴体积的 100 万倍。也就是说，要 100 万个云滴才能构成一个雨滴。强烈的上升气流造成空气绝热冷却，使水汽产生凝结形成云。在水云中，云滴都是小水滴。要形成雨呢，首先，云很厚，云滴浓密，含水量多，这样，它才能继续凝结增长；其次，强烈的上升气流能托住小水滴，并使其在气流升降运动中不断增大。当云滴继续增长，变大成为雨滴。雨滴增长到一定程度，受地心引力的作用而下降，形成降雨。

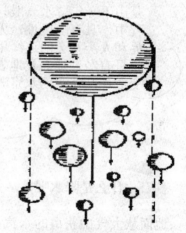

大小水滴在下降过程中的冲并

大雨滴降下来，小雨滴升上去。

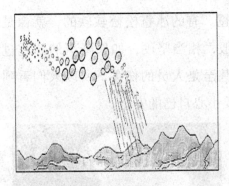

雨的形成示意图

润物细无声

 雪是怎么形成的呢？

我们都知道，云是由许多小水滴和小冰晶组成的，雨滴和雪花是由这些小水滴和小冰晶增长变大而成的。在混合云中，由于冰水共存使冰晶不断凝华增大，成为雪花。当云下气温低于0℃时，雪花可以一直落到地面而形成降雪。如果云下气温高于0℃

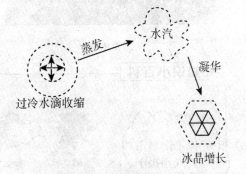

蒸发　水汽

凝华

过冷水滴收缩

冰晶增长

冰晶效应

时，则可能出现雨夹雪。雪花的形状极多，有星状、柱状、片状等等，但基本形状是六角形。

 冰雹是怎么形成的呢？

冰雹必须在对流云中形成，当空气中的水汽随着气流上升，高度愈高，温度愈低，水汽就会凝结成 液体状的水滴；如果高度不断增高，温度降到摄氏零度以下时，水滴就会凝结成固体状的冰粒。冰粒在反复上升下降吸附凝结下，愈来愈大颗，等到冰粒长得够大够重，又没有足够的上升气流能够再将它往上推时，就会往地面掉落。如果到达地面时，还是呈现固体状的冰粒，就称之为冰雹。有的冰雹松松软软的，就像是雪一样，但有的冰雹，就像是冰块一般，相当坚硬，如果降下的冰雹过大时，就有可能造成农作物、建筑物甚至是人员的伤害，所以人们看到天降冰雹时，在惊喜之余，最好还是要小心自己的安全。

远看冰雹

近看冰雹

知识小百科

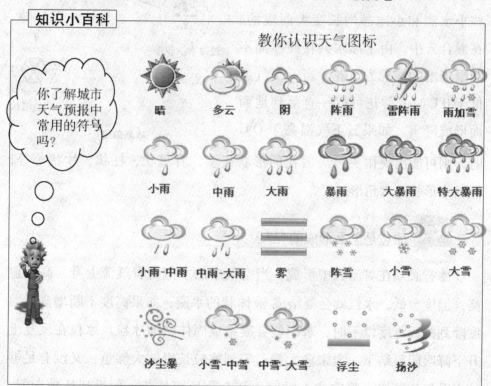

探究性学习

测量降水量的简单方法

测定降水量的基本仪器是雨量器。它的外部是一个不漏水的铁筒，里面有承水器、漏斗和储水瓶，另外还配有与储水瓶口径成比例的量杯。有雨时，雨水过漏斗流入储水瓶。量雨时，将储水瓶取出，把水倒入量杯内。从量杯上读出的刻度数就是降水量。

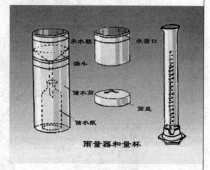

雨量器和量杯

想一想，怎么测量固态降水的降水量呢？

广闻博见

我国降水量最多和最少的地方

降水量是指从天空中降落到地面上的液态或固态（经融化后）降水，未经蒸发、渗透、流失而在水平面上积聚的深度。降水量以毫米为单位。

我国年降水量的最高记录，要数台湾的火烧寮，年平均降水量达6557.8毫米，最多的一年为8409毫米。年降水量最少的地方，则数吐鲁番盆地中的托克逊，年平均降水量仅5.9毫米，年降水天数不足10天，有些年份滴水不见。在吐鲁番沿公路两旁，常见到用十字中空的土砖砌成的房屋，这就是专门用来制作葡萄干的"晾房"，在干旱少雨的气候下，葡萄挂"晾房"内就能自然风干，中外闻名的吐鲁番葡萄干就是这样制成的。

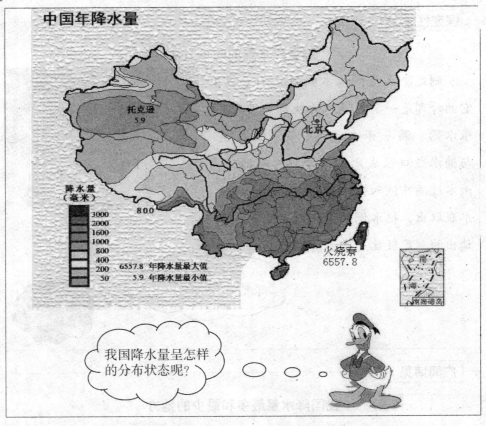

中国年降水量

降水量
（毫米）
3000
2000
1600
1000
800
400
200
50

托克逊 5.9

北京

800

火烧寮 6557.8

6557.8 年降水量最大值
5.9 年降水量最小值

我国降水量呈怎样的分布状态呢？

降水灾害知多少——多了少了都是祸

降水对于人类的生产和生活有着重要的影响。降水过多或过少，都会带来灾害。降水过少会形成旱灾，降水过多会形成洪涝灾害。

降水多点好还是少点好？

雨泽过润——洪涝

自古以来，洪涝灾害一直是困扰人类社会发展的自然灾害。我国有文字记载的第一页就是劳动人民和洪水斗争的光辉画卷——大禹治水。

时至今日，洪涝依然是对人类影响最大的灾害之一。洪水出现频率高，波及范围广，来势凶猛，破坏性极大。洪水不但淹没房屋和人口，造成大量人员伤亡，而且还卷走人产居留地的一切物品，包括粮食，并淹没农田，毁坏作物，导致粮食大幅度减产，从而造成饥荒。洪水还会破坏工厂厂房、通讯与交通设施，从而造成对国民经济部部门的破坏。1998年，一场世纪末的大洪灾几乎席卷了大半个中国，长江、嫩江、松花江等大江大河洪波光涌，水位陡涨。800万军民与洪水进行着殊死搏斗。据统计，当年全国共有29个省区遭受了不同程度的洪涝灾害，直接经济损失高达1666亿元。

房屋被水淹

交通受阻

如何加强洪涝的防治呢？

洪涝灾害的防治工作包括两个方面：一方面减少洪涝灾害发生的可能性，另一方面尽可能使已发生的洪涝灾害的损失降到最低。

加强堤防建设、河道整治以及水库工程建设是避免洪涝

洪涝灾害具有明显的季节性、区域性和可重复性，但仍具有可防御性，人类不可能彻底根治洪水灾害，但通过各种努力，可以尽可能地缩小灾害的影响。

灾害的直接措施，长期持久地推行水土保持可以从根本上减少发生洪涝的机会。

切实做好洪水、天气的科学预报与滞洪区的合理规划可以减轻洪涝灾害的损失。建立防汛抢险的应急体系，是减轻灾害损失的最后措施。

河道整治

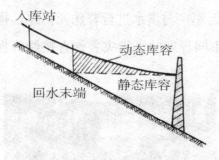

水库的动态和静态库容示意图

修建水库

雨泽过稀——旱灾

干旱是受灾面积最大的一种灾害。中国有45%的国土属于干旱或半干旱地区，加上人类活动对植被及土层结构的破坏使大量天然降水无效流失，不利于土壤水分保持，也加剧了干旱的形成和发展，如。河水断流、湖泊水面缩小、湖泊干涸、冰川退缩等问题。干旱的发生和发展直接威胁着人类的生存和制约着本地区经济的发展。通俗地说，旱灾是不正常地干旱而形成的气候灾害。旱灾严重时，可造成城市供水短缺、土地龟裂、植物枯萎、人畜喝水困难等。

土地龟裂

地球、宇宙与空间科学（地理）

水贵如油

河流干涸

 认识干旱，缓解旱情

　　干旱和旱灾从古至今都是人类面临的主要自然灾害。即使在科学技术如此发达的今天，它们造成的灾难性后果仍然比比皆是。尤其值得注意的是，随着人类的经济发展和人口膨胀，水资源短缺现象日趋严重，这也直接导致了干旱地区的扩大与干旱化程度的加重，干旱化趋势已成为全球关注的问题。

　　造成干旱的主要有自然原因（如：出现天气异常，导致降雨量远低于平均情况；高温天气加剧了地表水分的蒸发造成土壤枯干，农业失败）和人为原因（植被、森林的过度砍伐导致水土流失，水污染现象严重导致生活用水供应不足等）。面对日益严重的全球干旱化趋势，探求原因，寻找对策是十分必要的。

　　● 保护生态环境——植树造林

植树为什么对缓解旱情有用呢？

树木可以蓄水

地球、宇宙与空间科学（地理）

● 开发降水资源——人工增雨

人工增雨 缓解旱情

● 推广旱作节水技术

旱作区以雨养农业为主，降水是供应作物水分的唯一来源，如何科学"蓄住天上水，保住地里墒，用好用活天然降水"，是旱作农业生产的根本出路和途径。发展旱作技术，推广地膜覆盖、秸秆覆盖、喷灌滴灌等旱作节水技术对抗旱有显著成效。

全膜覆盖

● 加强水利设施建设

干旱对农业的影响较大，因为水分供应不足，导致在地作物产量严

喷灌

重下降；干旱还会导致一些农业设施，比如水库、池塘漏水。防御干旱对农业的影响最好的办法就是加强水利设施建设，想办法在雨水多的时候尽可能地把雨水保存起来，在缺水的时候中能地把水输到农业需要的地方去。所以要加强水利设施建设，修一些水库、池塘，把

多雨季节的水存起来，在旱季去用它。

 水库修建有益还是利弊兼得？

三峡工程是中国长江中上游段建设的大型水利工程项目，有时也称为三峡水电站、三峡大坝、三峡水库，分布在中国重庆市到湖北省宜昌市的长江干流上，大坝位于三峡西陵峡内的秭归县三斗坪，并和其下游不远的葛洲坝水电站形成梯级调度电站。它是世界上规模最大的水电站，也是中国有史以来建设的最大型的工程项目，但从三峡工程筹建的那一刻起，它就与各种争议相伴。

我国是一个水资源空间分布不均，时间变化很大的国家。所以，我国先后修建了大中小水库8万多座，总库容达1700亿立方米。水库的作用是在河流洪水期蓄水，枯水期放水。修建这么多水库，有益还是利弊兼得？

比武大擂台

你觉得水库兴建利大于弊还是弊大于利？搜集资料来论证你的观点

 正方观点

水库可以调节河流水量的季节变化；夏季蓄存过多的雨水、河水；冬春季将蓄存的水放出，使淡水供应平衡……

 反方观点

修建水库会破坏河流原始的生态环境，大型水坝的修建还需要移民……

揭开"人工增雨"之谜

随着现代科学技术的飞跃发展，人工增雨已成为向天空这个天然大水库索要水源和缓解旱情、解决淡水资源紧缺的重要手段和方法，开发空中云水资源已成为增加水资源的重要对策之一。

人工增雨前的准备工作

它的原理是通过飞机向云体顶部播撒装有碘化银、干冰、液氮等催化剂的溶液，或用高炮、增雨火箭，将装有催化剂的炮弹等发射到云中，并在云体中爆炸，对局部范围内的空中云层进行催化，增加云中的冰晶；能够让云中的小水滴相互凝结，使云中的水滴或冰晶体积增大、重量增加。当空气中的上升气流托不住增大后

火箭车进行人工增雨

的水滴时，这些水滴就会从天而降，在下降过程中，虽然也会有部分水滴被蒸发，但是，大部分仍然会降落到地面，于是就形成了雨。

人工增雨过程对环境有负面影响吗？

认识地球"外套"——大气

你知道大气有哪些成分吗？你知道大气成分可以影响手机信号吗？你知道紫外线强度是如何预报的吗？我们每天呼吸的空气又会对我们身

（侧栏）地球、宇宙与空间科学（地理）

体产生怎么样的影响呢？

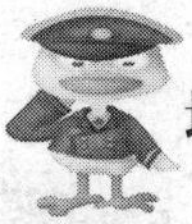

地球上的大气是怎么分布的呢？

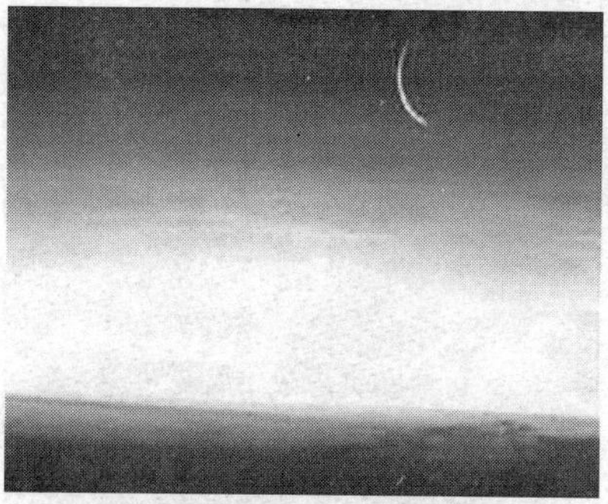

美丽的地球大气层

包围地球的空气称为大气。像鱼类生活在水中一样，我们人类生活在地球大气的底部，并且一刻也离不开大气。大气层是地球上所有生命的保护伞，而只有跳出大气层的宇航员才能看到它的真面目。在这张国际空间站上的航天员拍的照片中，从下往上我们可以看到地球的边缘、橙色的对流层、银色和蓝色相间的云彩和刚刚升起的月亮。

大气是指包围地球外围的空气层，总质量大约为 5.3×10^{15}t，仅是地球总量的百万分之一。由于受重力的作用，大气从地面到高空逐渐稀薄，大气质量主要集中在下部，50% 集中在 5km 以下，75% 集中在 10km 以下，98% 集中在 30km 以下。

知识链接

你知道横坐标温度（K）表示的是什么吗？

K 是国际温标 T 的温度单位，叫做“开尔文”，简称“开”，K 是绝对温度，K = 0 是宇宙最低温度，K = 273 相当于摄氏度 0，科学计算中多使用 K 作单位。

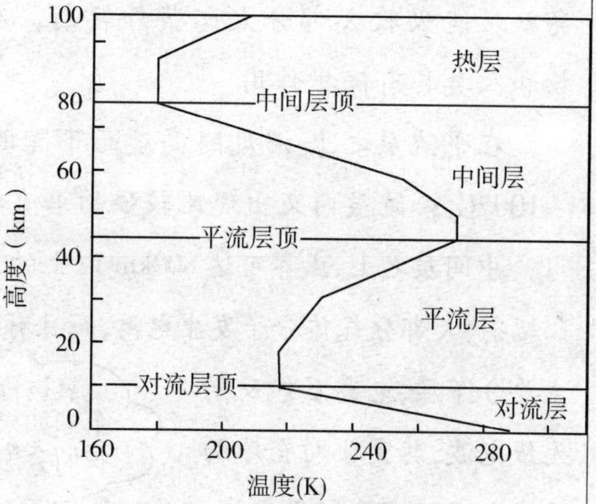

大气圈的层状结构

知识链接

根据大气垂直方向上热状况的不同，同时考虑垂直运动状况，将大气层分为五层：

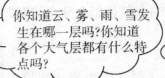

你知道云、雾、雨、雪发生在哪一层吗？你知道各个大气层都有什么特点吗？

对流层是地球大气层中最低的一层，整个大气80%～95%的质量都集中在这一层；对流层的下界，自地表向上1～1.5km，受地表的影响最大，它从地面得到热能，使得大气温度随高度的增加而降低。对流层上界称为"对流层顶"，云、雾、雨、雪等主要天气现象以及大气污染现象都在这一层发生。

平流层内空气比较干燥，几乎没有水汽及尘埃，非常稳定；平流层内臭氧量增加，在22～25km附近臭氧浓度达到最大，称为臭氧层。臭氧层能吸收大部分太阳紫外辐射，对地面生物和人类具有保护作用。

飞机通常在哪一层飞呢？

在平流层之上 温度随高度而下降的这一层为中间层；温度可降到-100℃；该层内又出现比较强的垂直对流运动。

中间层之上，上界可达800km以上的大气层；该层内大气因直接吸收太阳辐射，大部分气体分子发生电离，而且有较高密度的带电粒子，是电离层的主要分布层，电离层能反射无线电波，其变化对全球的无线电通讯有重大意义。

臭氧被称为地球的保护伞，如果伞破了，我们会怎么样呢？

地球、宇宙与空间科学（地理）

大气中都由哪些成员呢？

自然状态下，大气是由混合气体、水汽和杂质组成。除去水汽和杂质的空气称为干洁空

气。干洁空气的主要成分为78.09%的氮，20.94%的氧，0.93%的氩。这三种气体占总量的99.96%，其它各项气体含量计不到0.1%，这些微量气体包括氖、氦、氪、氙等稀有气体。

气体	浓度（ppm）	气体	浓度（ppm）
氮	780900	氙	1.0
氧	209400	一氧化碳	0.5
氩	9300	氢	0.5
二氧化碳	315	氪	0.08
氖	18	二氧化碳	0.02
甲烷	1.0～1.2		

正常干洁空气的气体成分

生活常识

人正常的生活、学习、工作需要能量，能量从哪里来呢？能量是人体将食物转化为养分，再经氧化产生的。但是养分需要通过吸入氧气后才能氧化产生能量。但是氮气的化学性质很不活泼，通常情况下，不与其它物质发生反应。氧气是一种化学性质比较活泼的气体，它能参与人体中一些重要的氧化反应。例如，葡萄糖经氧化分解后，产生二氧化碳和水，同时释放大量的热。

地球、宇宙与空间科学（地理）

氧气通过鼻子被吸入到肺之后，血液中的红细胞立即将其送到全身各部分的细胞里，同时将氧化产生的二氧化碳带走，再送到肺里，肺通过鼻子向外呼出二氧化碳。人就是靠着一吸把氧气吸进来，又靠着一呼将二氧化碳排出去，来维持人体的正常生活。这就是人为什么要不停地呼吸的道理。

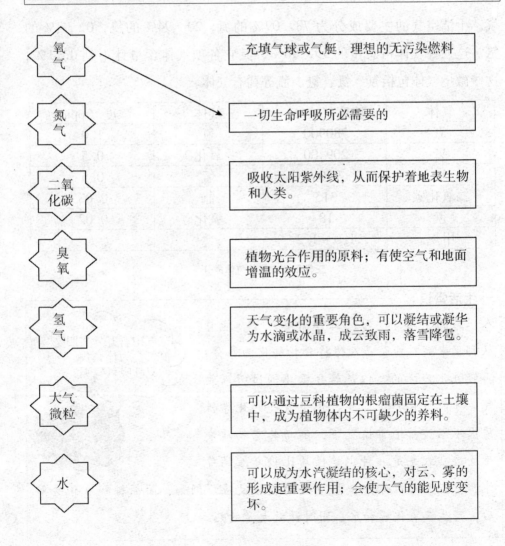

氧气	充填气球或气艇，理想的无污染燃料
氮气	一切生命呼吸所必需要的
二氧化碳	吸收太阳紫外线，从而保护着地表生物和人类。
臭氧	植物光合作用的原料；有使空气和地面增温的效应。
氢气	天气变化的重要角色，可以凝结或凝华为水滴或冰晶，成云致雨，落雪降雹。
大气微粒	可以通过豆科植物的根瘤菌固定在土壤中，成为植物体内不可缺少的养料。
水	可以成为水汽凝结的核心，对云、雾的形成起重要作用；会使大气的能见度变坏。

大气看不见，摸不到，它是地球的隐形外套。清洁的空气是人类赖于生存的必要条件之一，一个人在五个星期内不吃饭或5天内不喝水，尚能维持生命，但超过5分钟不呼吸便会死亡。大气有自净能力，但随着工业及交通运输业的不断发展，大量的有

我不要戴着口罩呼吸

害物质被排放到空气中，改变了空气的正常组成，使空气质量变坏。当我们生活在受到污染的空气之中健康就会受到影响。

知识链接

靠大气的稀释、扩散、氧化等物理化学作用，能使进入大气的污染物质逐渐消失，就是大气的自净能力。例如，排入大气的一氧化碳，经稀释扩散，浓度降低，再经氧化变为二氧化碳，被绿色植物吸收后，空气成分恢复原来的状态。充分掌握和利用大气自净能力，可以降低污染浓度，减少污染的危害。

什么是大气的自净能力呢？

广闻博见

大气中的不同现象反映了大气中不同的状态分布和大气的微物理结构。

在沙漠中，迷路的人缺水缺粮，忽然看见了绿洲，但走近了却发现原为只是海市蜃楼的幻象，空欢喜一场。这虽然是电影常用的桥段，但海市蜃楼是真有其事的，是大自然跟我们在玩光线的

魔法。它的成因是光线在大气中被折射，再加上全内反射的结果。

如果要明白海市蜃楼的成因，首先要明白为什么光线在空气中会被折射。原来，不同温度的空气有不同的折射率，就好像许多不同的介质一样。靠近地面的空气较热，折射率较低。我们可以把空气想像为许多层的介质，而每一层的折射率都不同，越接近地面，折射率越低。因此，光线在空气中行走时，路线便如图一所示。

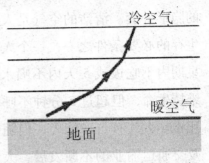

图一在温度随高度变化的空气中，光线因折射而走出弯曲的路径。

另一方面，我们也要知道什么是全内反射。如果光线微微倾斜地从玻璃射进空气，一部分的光线会被反射回去，另一部分就会被折射，从玻璃中走回来。由于玻璃的折射率较空气高，所以折射角总是大于入射角（图二）。当入射角越来越大，被折射的光线便会越来越贴近空气与玻璃的界面，直到入射角大于临界角度，

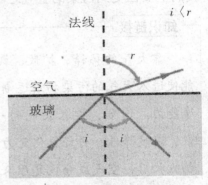

图二光线由玻璃走到空气时所产生的折射现象。入射角 i 比折射角 r 小。

光线便只会被反射，而不会折射出去。这个现象叫做全内反射（图三）。

图四显示海市蜃楼发生时，光线所走的路径。假设有个绿洲，它在 A 点发出的光线被空气折射，走一条弯弯的路径。在 B 点，光线发生全内反射，使光线往上走。之后，光线再次被空气折射，最后光线会进入站在 C 点那观测者的眼睛，使他形成幻觉，误以为绿洲很接近他呢！

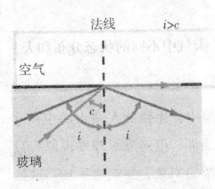

图三当入射角 i 大于临界角 c 时，便产生全内反射。

地球、宇宙与空间科学（地理）

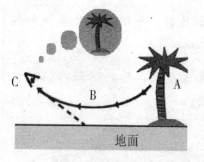

其实不用去沙漠，当你在炎热的夏天走在柏油马路上时，你也会看到海市蜃楼！不妨走出家门亲身体验一下！

四海市蜃楼发生时，光线所走的路径。

知道了海市蜃楼的原理以后，我们再一起来动手做个小实验吧！

小小科学家

海市蜃楼与小实验

在平静无风的海面、大江江面、湖面、雪原、沙漠或戈壁等处偶尔会在空中或"地下"出现高大楼台、城郭、树木等幻景，我们称这种现象为海市蜃楼。

为了说明这种现象，假如有条件，我们不妨先做一个"海市蜃楼"的实验：

在一间不通风的屋里，把一块长1.5米，宽20厘米的平滑铁片，横放在几根用铁管（或木棍）做成的小柱子上，在薄铁片上撒播薄薄一层沙，做成沙漠型的表面。用深色的纸剪成树和骆驼，贴在一块毛玻璃上（乳白色玻璃）上，把玻璃板放在铁片的一端，和铁片垂直，使树和骆驼露在沙层上面。在玻璃板后下方，用一只手电筒向上照射，在铁片的另一端看去，好象树木和骆驼后面衬托着明亮天空一样。然后，用小的煤球炉三只，放在铁片下面来加热（或用一只长型的炭盆，有条件时用长型的电炉加热最为理想）。加热时，要注意铁片各处加热要均匀，特别是靠近毛玻璃一端三分之二的地方。

这样，当加热一定时间以后，用手靠近沙面，感到很热时，开始沿薄铁片往毛玻璃方向观察。你发现了什么？

谁给地球换了衣服——大气污染源

还有干净的空气吗？
我都窒息了！

大气污染是由于向大气排放非固有的气体及微粒，超过了大气成份的正常组成，当大气自净能力不能消除这些污染物时，造成大气质量下降，即可说这个地区的大气受到了污染。 大气污染物的种类包含很多，它们的形态可能是固体状的粒子，也可能是液滴或是气体，或是这些形态的混合物。比较常见的空气污染物包括悬浮颗粒物、一氧化碳、硫氧化物、氮氧化物和碳氢化合物等，大多是由人为因素产生。

 工业生产会产生大气污染吗?

●燃料的燃烧。如烧煤可排出烟尘和二氧化硫；烧石油可排出二氧化硫和一氧化碳等。

●生产过程排出的烟尘和废气。如火电厂、钢铁厂、石化厂、造纸厂、水泥厂等。

●农业生产过程中喷洒农药而产生的粉尘和有毒雾滴。

喷撒到大气中的农药微粒，在气流作用下，可飘移到数里远的地方。

喷撒到植物表面或土壤的农药，在气流作用下，也可飞扬到空中，造成大气污染。

当农作物或森林出现大面积病虫害时，采用人工灌洒农药的方法则显得杯水车薪、效率低下。采用飞机喷洒农药，最大的好处就是速度快，可以大大节省人力。

燃料燃烧

水泥厂粉尘排放

农民喷洒农药

飞机喷洒农药

 生活中会对大气造成污染吗?

生活性污染主要指厨房油烟排放，由生活炉灶和采暖锅炉耗用煤炭产生的烟尘、二氧化硫、一氧化碳、硫化氢等有害气体，生活垃圾和粪便挥发物等。

生活燃煤

地球、宇宙与空间科学（地理）

人们发现在垃圾的焚烧过程中产生大量的有毒物质，其中最为危险的当属被国际组织列为人类一级致癌物中毒性最强的二恶英。二恶英主要是由垃圾中的塑料制品焚烧产生，它不仅具有强致癌性，而且由于化学结构稳定，亲脂性高，又不能生物降解，

露天垃圾焚烧会污染大气

因而具有很高的环境滞留性。无论存在于空气、水还是土壤中，它都能强烈地吸附于颗粒上，借助于水生和陆生食物链不断富集而最终危害人类。

交通也会对大气产生污染

交通运输性污染指汽车尾气污染，其污染物主要是气态污染物，主要成分为：一氧化碳（CO）、氮氧化合物（NO_x）、碳氢化合物、二氧化硫（SO_2）等。CO、碳氢化合物是烃燃料燃烧的中间产物，主要是在局部缺氧或低温条件下，由于烃不完全燃烧而产生；NO_x是火花塞点火时瞬间高温高压下空气中的 N_2、O_2 反应产物。

汽车尾气排放

观察与实验

汽车尾气中的污染物占目前北京、上海等大城市中大气总污染物中的相当比例，有的已超过燃煤对大气的污染。

汽车尾气的毒性大小与哪些因素有关呢？

实验中，可以选择使用年限不同的汽车、用油标号不同的汽车、使用油型不同的汽车所排放的尾气，观察小白鼠受不同浓度的汽车尾气毒害后的状况。

你得出的结论是什么呢？汽车尾气的毒性大小与排放浓度、车况好坏、燃油质量有关吗？

地球不能承受之重——大气污染的危害

大气中的有害气体和污染物达到一定浓度时，就会对人类和环境带来巨大灾难。试想一下，如果我们生活在污染十分严重的空气里，那么我们能支撑多久？你希望看到人类赖以生存的大气圈变成垃圾站和毒气库吗？

大气污染对人体和生物的危害

小资料

震惊世界的几起大气污染事件

马格河谷事件：1930 年 12 月 1－5 日，比利时马格河谷工业区，60 余人死亡。

多诺拉事件：1948 年 10 月 26－31 日，美国宾夕法尼亚州多诺拉镇，占全镇 43% 的居民（5911 人）受害，11 人死亡。

洛杉矶光化学烟雾事件：20 世纪 50 年代初，美国洛杉矶市，65 岁以上老人死亡 400 多人。

伦敦烟雾事件：1962 年 12 月 5－8 日，伦敦市 4 天内死亡人数比常年同期多 4000 余人。

四日市哮喘事件：1961 年，日本四日市，817 人患哮喘病，10 多人死亡。

博帕尔毒气泄漏事件：1984 年 12 月 3 日，印度博帕尔市，2500 多人直接死亡，20 万人受到伤害，其中 5 万人双目失明。

从上面的小资料可以看出，大气污染对人体健康会造成严重的伤害。

空气污染已成为全世界城市居民生活中一个无法逃避的现实。大气污染物主要通过三条途径危害人体：一是人体表面接触后受到伤害，二是食用含有大气污染物的食物和水中毒，三是吸入污染的空气后患了种种严重的疾病。

大气污染还会对动植物的生长发育造成威胁。植物在生长期中长期接触大气的污染，损伤了叶面，减弱了光合作用；伤

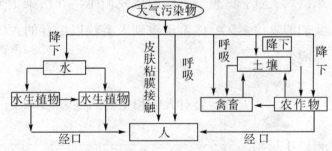

大气污染物侵入人体的主要途径

害了内部结构，使植物枯萎，直至死亡。各种有害气体中，二氧化硫、氯气和氟化氢等对植物的危害最大。大气污染对动物的损害，主要是呼吸道感染和食用了被大气污染的食物。其中，以砷、氟、铅、钼等的危害最大。大气污染使动物体质变弱，以至死亡。

探究性实验

空气污染实验

> 实验前要设计好问题哦，你想通过实验解答哪些疑惑呢？

1、在实验中你学到了什么？

2、为何城市的空气比乡下的空气脏？

3、如何改善城市的空气污染问题？

实验前准备：

孵绿豆芽：先在容器底部放卫生纸→放入绿豆→再覆盖一张卫生纸→加水→18～24 小时，就可以冒出小芽。

收集摩托车尾气

实验步骤：

对照组：将已经萌发好的绿豆芽，放入只有空气的塑料袋中。

实验组：将已经萌发好的绿豆芽，分别放入事先装有废气污染的塑料袋中。

将塑料袋放在阳光下记录、观察绿豆芽的生长状况。

广闻博见

健康隐患扫描

大气污染与慢性支气管炎

人体中呼吸道黏膜与空气接触机会最多，大气污染对机体的危害也以呼吸道最为显著。有人把由大气污染所引起的一系列呼吸道疾病称为"环境性肺病"。

地球、宇宙与空间科学（地理）

大气污染物中，以二氧化硫的危害较为突出。当二氧化硫的浓度低时，可刺激眼睛和呼吸道黏膜；当浓度大时，则对呼吸道有强烈的刺激和腐蚀作用。有资料表明，空气中二氧化硫浓度超过每立方米 1000 微克时，气管炎、支气管炎急性发作显著增多。

硫酸烟雾对呼吸道的慢性刺激也可引起气管支气管炎。长期低浓度吸入氯化氢、氯气、二氧化氮及粉尘（开采矿石、制作陶瓷、制作耐火材料等），均可造成支气管黏膜糜烂、纤毛脱落、晚体分泌增多，甚至发生支气管痉挛，形成支气管炎。所以，接触工业刺激性粉尘和有害气体的工人及居住在工厂林立、大气环境治理差的城市居民，气管炎患病率远比其他地区为高。

大气污染与癌症

我国的癌症死亡率呈持续上升态势，肺癌成为病死率上升最快的疾病。在医疗技术日益发展的今天，为何癌症发病率不降反升呢？除人体内在因素外，就是环境因素。据统计，全球有 6 万多种有毒物质，每年还有 2000 多种新毒物合成，其中大部分进入大气环境，被风散布至全球各地。人们长期食用那些被人类自己污染了的肉类、粮食，呼吸被人类自己污染了的空气，当然会导致癌症发病率和死亡率的上升。

> 地球表层的大气、水、土、岩石、生物等一切自然因素的总和构成了人类生存的自然环境。环境的好坏直接影响人体的健康。大气是人类生存的重要环境之一，大气的正常成分是保持人体正常机能和保证健康的必要条件。

大气污染对全球大气环境的影响

美国排放的废气会污染我们国家的天空吗?

近些年来,人类活动排入大气中的二氧化碳、甲烷、氟氯烃、一氧化二氮、二氧化硫、氧化氮等污染物,引起了全球性的气候变暖,并使疟疾、霍乱、肝炎、痢疾、胃肠炎等疾病增加。南极上空已出现臭氧层空洞。北极上空的臭氧层也在减薄。酸雨面积范围扩大。

1998年2月,印尼森林大火所产生的烟雾,不仅使本国疾病流行,而且也殃及邻国。据泰国卫生部门声称,从印尼吹拂而来的烟雾已经严重污染了泰国上空,并将季风雨转变为具有刺激性的酸雨,使人感染皮疹和其他皮肤病,严重危害了人们的健康。新加坡也难逃此劫,表现为焦虑、呼吸困难、心悸为主要症状的呼

大气污染无国界,污染物可以随着大气运动跨越国界、洲界成为全球性的问题。所以保护环境是我们大家共同的责任。

吸道疾病感染人数激增。由此可见,污染无国界,污染物可以随大气运动跨越国界、洲界已成为全球性问题。为了全球的人类健康,不管是发达国家,还是发展中国家,都应携手合作,共同努力,着手本国,放眼全球,为治理和保护大气圈环境,造福全人类,做出各自的贡献。

知识链接

大气为什么会运动?

当一阵大风从门前刮过时,虚掩着的门会突然"砰"的一声关紧了,这是为什么呢?大气是怎么运动的呢?

地球、宇宙与空间科学(地理)

大气为什么会运动？是什么力量驱使它运动的呢？原因是错综复杂的。水平的风，垂直的升降气流，不规则的乱流运动，都各有其复杂的成因。

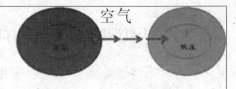

空气

这里先就风的成因谈起吧。

外面温度低，气压高，而屋里温度高气压就低、空气从气压高的地方流向气压低的地方，所以就产生了风。

自从十七世纪出现了气压表，指出空气有重量因而有压力这个事实以后，为人们寻找风的奥秘提供了开窍的钥匙。十九世纪初，有人根据各地气压与风的观测资料，画出了第一张气压与风的分布图。这种图不仅显示了风从气压高的区域吹向气压低的区域，而且还指明了风的行进路线并不直接从高气压区吹向低气压区，而是一个向右偏斜的角度。一百多年来，人们抓住气压与风的关系这一条从实践中得来的线索，进一步深入探究，总结出一套比较完整的关于风的理论。风朝什么地方吹？为什么风有时候刮起来特别迅猛有劲，而有时候却懒散无力，销声匿迹？这完全是由气压高低、气温冷暖等大气内部矛盾运动的客观规律在支配着的。人们不仅用这种规律来解释风的起因，而且还用这些规律来预测风的行踪。

地球上任何地方都在吸收太阳的热量，但是由于地面每个部位受热的不均匀性，空气的冷暖程度就不一样，于是，暖空气膨胀变轻后上升；冷空气冷却变重后下降，这样冷暖空气便产生流动，形成了风。

上完理论课，我们再来动手做一做！

 **风的形成**

1、在桌上点燃一支蜡烛，让学生亲眼看到火苗没有飘动，也就说明这时周围没有形成温差即没有风。

2、用一个大塑料瓶（如高橙、雪碧等），去底去盖，再在侧壁用小刀挖一小洞，将一个小塑料瓶（如娃哈哈等）去底，瓶口卡进侧壁洞口，并用橡皮泥封严。以上材料也可用玻璃小瓶（如口服液瓶、眼药瓶等）代替。

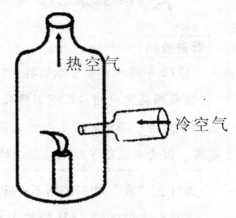

3、用上述装置罩在燃烧的蜡烛上，瓶口正对着火苗，可清晰地看到火苗向一定方向飘动（如图）。也就说明这时在瓶内外形成了温差即形成了风。如果再在小瓶底口处点燃蚊香，也可看到烟流向大瓶内，转动大瓶，火苗也随着改变飘动的方向。

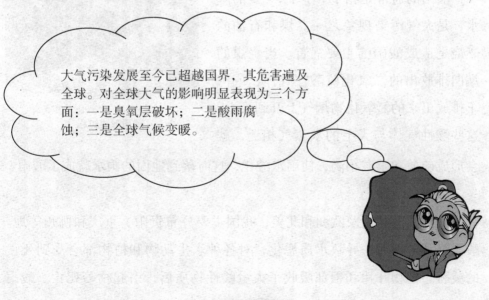

大气污染发展至今已超越国界，其危害遍及全球。对全球大气的影响明显表现为三个方面：一是臭氧层破坏；二是酸雨腐蚀；三是全球气候变暖。

地球、宇宙与空间科学（地理）

比柠檬汁还酸——酸雨

背景资料

　　1772年博物学家吉尔巴特·怀特在新版《驱逐烟气》序言中写道，"伦敦周围庭院中的水果树不结果子，连树叶也纷纷凋零。生长发育中的孩子大约一半活不到2岁就夭折了"。世界上接受大气污染洗礼的是英国。因为英国很早就砍伐了森林，燃料依靠煤炭。

为什么"我"和别的雨不一样？

　　正常雨水偏酸性，pH值约为6～7，这是由于大气中的CO_2溶于雨水中，形成部分电离的碳酸。而水的弱酸性可使土壤养分溶解，供生物吸收，这是有利于人类环境的。

　　酸雨的通常是指pH小于5.6的降水，是大气污染现象之一。煤和石油的燃烧是造成酸雨的主要祸首。当烧煤的烟囱排放出的二氧化硫酸性气体，或汽车排放出来的氮氧化物烟气上升到天上，这些酸性气体与天上的水蒸气相遇，就

酸雨形成过程

会形成硫酸和硝酸小滴，使雨水酸化，这时落到地面的雨水就成了酸雨。

酸雨的危害

　　酸雨的危害遍及欧洲和北美，我国主要分布贵阳、重庆和柳州等地。酸雨降到地面后，导致水质恶化，对各种水生动物和植物都会受到死亡的威胁。植物叶片和根部吸收了大量酸性物质后，引起枯萎死亡。酸雨

进入土壤后，使土壤肥力减弱。人类长期生活在酸雨中，饮用酸性的水质，都会造成呼吸器官、肾病和癌症等一系列的疾病。据估计，酸雨每年要夺走 7500 – 12000 人的生命。

知识链接

酸雨的黑色幽默

泡菜 酸雨酸化了土壤以后，进一步也酸化了地下水。德国、波兰和前捷克交界的黑三角地区（当地先以森林，后以森林被酸雨破坏而著名）的一位家庭主妇，在接待日本客人奉茶时说："我们这个地区只有几口井的井水可供饮用。我们自己也常开玩笑说，只要用井水泡蔬菜，就能够做出很好的泡菜来。"

地球在哭泣

染发 酸化的地下水还腐蚀自来水管。瑞典南部马克郡的西里那村，有一户人家三个孩子的头发都从金黄色变成了绿色。这就是使马克郡出名的"绿头发"事件。原因是他们把井中的汲水管由锌管换成了铜管，而 pH 小于 5.6 的水对铜有较强的腐蚀性，产生铜绿。所以这户人家的浴室和洗漱台都已被染成铜绿色。这种溶有铜或锌离子的水还能使婴幼儿发生原因不明的腹泻。马克郡的幼儿园发生过的集体"食物中毒"也是这个原因（大约半数的瑞典人都是把地下水作为饮用水源的）。

自由女神化妆 酸雨同样也腐蚀金属文物古迹。例如，著名的美国纽约港自由女神像，钢筋混凝土外包的薄铜片因酸雨而变得疏松，一触即掉（而在 1932 年检查时还是完好的），因此不得不进行大修（已于 1986 年女神像建立 100 周年时修复完毕）。

一场雨，上场中性，下场酸性

浙江某地科学家发现了：一场雨，上半场是中性，下半场是酸性的，而且有重复性，奇也不奇？经取样研究得知，800 米至1000 米高空雨云，的确被酸化了，但是在雨云下，有一层碱性颗粒物，来自于化工厂和水泥厂烟囱排放，其质量较重，漂浮在 800 米下的低空。当开始下雨时，高空酸雨降下时，发生云下洗脱，雨中的酸性物质正与云下的碱性物质中和，落在地面表现为中性；雨继续降落，云下碱性物质其量有限，被洗脱干净或其量较少时，不足以中和酸性，落在地面的雨表现为酸性，直到雨终。同此道理，酸雨地区雨季的头场雨也常常是中性的。

酸雨对生物的影响到底有多大呢？下面我们来做个实验！

小小科学家

酸雨对生物有危害吗？

[设计实验]

实验材料：

纸杯 2 个，绿豆 40 粒，另外用水、醋分别配制 PH 值为 3 和 12 的模拟酸雨材料。

实验过程：

（1）把绿豆分别放入 1 号杯、2 号杯，每杯各 20 粒；

（2）在 1 号杯里注入适当的 PH 值为 3 的醋水，放在阳光充足、空气也合适的地方；

（3）在 2 号杯里注入适当的 PH 值为 12 的醋水，放在阳光充足、空气也合适的地方；

（4）观察绿豆的发芽率情况。

不同酸度的酸雨对植物的影响一样吗？我们应该怎样设计实验来探究不同pH值的酸雨对植物的影响呢？

地球的保护伞破了——臭氧层空洞

小资料

2000 年 9 月 3 日南极上空的臭氧层空洞面积达到 2830 平方公里，超出中国面积两倍以上，相当于美国领土面积的 3 倍。这是迄今观测到的最大的臭氧层洞。图中覆盖在南极上空如同兰色水滴的就是就是卫星观测到的臭氧洞。

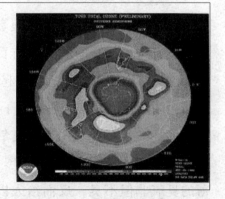

 臭氧是怎么形成的呢？

臭氧与氧分子是亲兄弟，臭氧由三个氧原子组成。在高层大气中太阳的各种射线撞击氧分子，在紫外线撞击下氧分子分解成两个氧原子，一个氧原子和其余的氧分子化合成一个臭氧分子，这就是臭氧的光化学生成过程。臭氧吸收太阳紫外辐射加热平流层大

臭氧真的是臭的吗？

气，形成平流层环流特征。紫外线又击碎了臭氧分子，分解成氧分子和一个氧原子，成为臭氧的光化学分解过程。

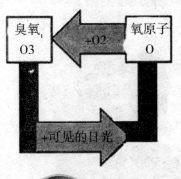

臭氧又名超氧或强氧，因其类似鱼腥味的臭味而得名，分子符号 O_3。1785 年，德国人凡马隆于雷雨后，发现空气特别清新，而且具有独特草鲜味，而知其存在。因为打雷、闪电会电击空气中的氧气，产生臭氧，同时里面也还有一些离子。

 ## 臭氧是把双刃剑

在地表附近，浓的臭氧很臭，且对人类有害。如长时间在含有百万分之一的臭氧空气中呼吸，会引起疲劳、头痛。浓度再高时使人心、鼻子出血、眼睛发炎，甚至使人中毒。臭氧还会破坏花草树木，使农作物减产。但稀薄的臭氧非但不臭，反而给人以以清

被臭氧损害的植株（左）及正常植株（右）

新的感觉。雷雨后空气中便飘荡着少量的臭氧，它能起净化空气和杀菌作用。臭氧的一个主要作用是能强烈地吸收太阳紫外线。

臭氧在平流层（离地面 10～55 千米）里形成了臭氧层，其浓度最大的地方大约在 25 千米处。臭氧层并不是由纯臭氧组成的，仅仅是臭氧相对集中而已。

正常情况下臭氧层能过滤掉大部分有害的紫外线。

如果把分布在平流层里的臭氧统统集中起来放到地面上，大约只有3毫米厚，这与一个普通的鞋底厚度差不多。但千万不要小看这样一点厚的臭氧层，正是因为有了它，才能把大部分的紫外线过滤因为有了它，才能把大部分的紫外线过滤掉，它是地球上所有生物的"保护伞"。

一旦臭氧洞形成，紫外线就会通过臭氧洞，长驱直入照到地表。

如果臭氧层被破坏，"无形杀手"紫外线便会长驱直入。据美国"增加紫外辐射生物效应委员会"估计，平流层臭氧减少对皮肤癌会产生很大影响，他们认为臭氧含量减少1%，则损害人体的紫外线就会增加2．3%，皮肤癌发病率增加5．5%。臭氧减少后对植物的影响也很大，曾有人对100多种植物进行研究，发现1/5的植物对紫外线敏感，许多农作物都会因臭氧层破坏而减产。

臭氧空洞，谁是罪魁祸首

1985年，英国科学家法尔曼等人在南极哈雷湾观测站发现：1977－1984年每到春天南极上空的臭氧浓度就会减少约30%，有近95%的臭氧被破坏。南极上空出现巨大的臭氧层空洞，然而这对于居住在北半球的人们来说，南极毕竟相距遥远，似乎关系不大。如今，科学家们在北极上空也发现巨大臭氧洞，人们不能再

臭氧空洞是指从地面上观测，高空的臭氧层已极其稀薄，与周围相比像是形成一个"洞"，而不是普通意义上的洞。

地球、宇宙与空间科学（地理）

地球、宇宙与空间科学(地理)

漠不关心了。

两极上空臭氧含量急剧减少,是全球大气中臭氧含量正在不断减少的明证。

目前,人们大都将臭氧层的形成归咎于 CFC 气体,即氟利昂。虽然也有学者对臭氧空洞的形成提出了不同的解释,但由于这些理论不像"氟利昂元凶论"那么"环保",所以,没能得到多数科学家的赞许,也没能引起公众的注意。

拉萨臭氧总量观测站

氟里昂(CFC)破坏臭氧过程示意图

氟里昂的正式名字叫氯氟烃化合物。它广泛地使用于制冷系统(如电冰箱、空调机),以及用来制造灭火剂、发泡剂等。氟里昂在低层大气中比较稳定,无毒,不易燃烧,但一到高空大气中就会分解,产生氯原子(Cl)。氯原子会与臭氧分子发生反应,把其中的一个氧原子夺过来,

这样臭氧就被破坏了。可怕的是氯原子在与臭氧发生反应时,其本身并不受影响,所以它能继续不停地再与臭氧反应。就这样,1 个氯原子大约会破坏 1 万个臭氧分子,从而导致臭氧层的破坏。

随着南极臭氧洞的发现,并确认氟里昂是主要"凶手"之后,引起了人们的广泛关注。联合国环境规划署于 1987 年 4 月在加拿大的蒙特利尔召开了一次由许多国家参加的会议。会议上各国代表共同签署了一个协议——《关于消耗臭氧层物质的蒙特利尔协定书》,协议规定从 1988

年开始，10 年内将氟里昂的生产量减少一半。实际上，发达国家是世界上氟里昂的主要制造、使用与排放者，其中以美国和欧洲共同体成员国为最多，它们分别占全球产量的 36% 和 37%，所以他们应该首先限制氟里昂的生产，并承担挽救臭氧层的责任。美国与欧洲共同体已决定 2000 年为停止生产氟里昂的截止日期。

氟里昂主要由北半球工业化国家排出，北半球大气中氟里昂浓度也高于南半球，那么至今最大的臭氧洞却出现在南极而不是其它地方，这是为什么呢？

另一方面人类也在积极地开发研制无害的替代产品。氟里昂的替代品已研究成功，正处于全面推广的阶段。我国目前也正在积极地进行这方面工作，已有一些厂家开发出了"无氟电冰箱"，这无疑是造福人类的好事。

小小科学家

 制作自己的臭氧探测器

你可以制作臭氧试纸来探测和监视自家后院或学校附近的臭氧浓度哦！

实验材料：玉米淀粉；滤纸（也可以用咖啡过滤器）；碘化钾

实验步骤：

1、把水、玉米淀粉和碘化钾放在一起搅成糊状

2、把这些糊状物质涂在滤纸上

3、让这些滤纸在空气中暴露 8 小时。

地球、宇宙与空间科学（地理）

地球、宇宙与空间科学(地理)

4、观察滤纸的颜色变化，对照下图你就可以知道臭氧浓度。

臭氧浓度低　　　　　　　　　　　　　　　　　　臭氧浓度高

空气中的臭氧会与碘化钾发生反应，碘化钾被臭氧氧化为碘单质，淀粉遇碘变蓝色，所以当臭氧浓度高时，颜色会变蓝。

 ## 地球发烧了——温室效应

背景资料

　　科学家预测：如果地球表面温度的升高按现在的速度继续发展，到2050年全球温度将上升2-4摄氏度，南北极地冰山将大幅度融化，导致海平面大大上升，一些岛屿国家和沿海城市将淹于水中，其中包括几个著名的国际大城市：纽约，上海，东京和悉尼。温室效应是怎么来的？我们能做什么？

地球总"发烧"，人类该咋办？

什么是温室效应呢？它是怎么形成的？

温室效应，又称"花房效应"，是大气保温效应的俗称。大气能使太阳短波辐射到达地面，但地表向外放出的长波热辐射线却被大气吸收，这样就使地表与低层大气温度增高，因其作用类似于栽培农作物的温室，故名温室效应。

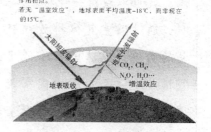

温室气体能吸收地表示长波辐射，使大气变暖，与"温室"作用相似。

若无"温室效应"，地球表面平均温度-18℃，而非现在的15℃。

本来，这种"温室效应"是正常的，但是，进入工业革命以来，由于人类大量燃烧煤、石油和天然气等燃料，使大气中二氧化碳的含量骤增，二氧化碳气体具有吸热和隔热的功能。它在大气中增多的结果是形成一种无形的玻璃罩，使太阳辐射到地球上的热量无法向外层空间发散，其结果是地球表面变热起来。

小资料

何谓"温室气体排放权交易"

"温室气体排放权交易"也称"碳交易"，源于《京都议定书》的"清洁发展机制"，即 CDM。2005 年生效的《京都议定书》明确规定，发达国家到 2012 年，其 6 种温室气体排放量要在 1990 年水平的基础上降低 5．2%。

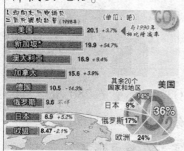

人均温室气体排放量最大的国家和地区。

由于发达国家国内减排二氧化碳成本很高，因此，《京都议定书》建立了清洁发展机制，鼓励发达国家通过提供资金和技术的方式，与发展中国家开展合作，在发展中国家进行既符合可持续发展政策要求，又产生温室气体减排效果的项目投资，由

地球、宇宙与空间科学（地理）

地球、宇宙与空间科学（地理）

此换取投资项目所产生的减排额度，作为其履行减排义务的组成部分。发达国家或者企业帮助发展中国家每分解一吨标准二氧化碳的温室气体，就可以获得一吨标准二氧化碳温室气体的排放权。

通过温室气体排放权交易的实施，发达国家降低了减排成本，而发展中国家获

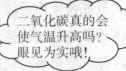

二氧化碳真的会使气温升高吗？眼见为实哦！

得了经济发展所需要的资金和技术，最终共同实现温室气体的减排，以保护全球环境和资源。

实验与观察

二氧化碳真的会使气温升高吗？

实验材料： 三只带塞子的玻璃瓶，温度计

实验步骤：

(1) 取三只大小完全相同的玻璃瓶，甲瓶装满制得的二氧化碳气体；

(2) 乙瓶装 1/2 体积的二氧化碳和 1/2 体积的空气；

(3) 丙瓶内全是空气；

塞紧塞子（塞子上可插上温度计），把它们彼此靠近，同时放在阳光下照射，过一段时间观察瓶内温度的变化情况。

地球发烧了，我们会怎么样呢？

思考

工业革命前地球大气中的二氧化碳（$CO_2$2）含量是 280 微毫升/升，如按目前增长的速度，到 2100 年 CO_2 含量将增加到 550 微毫升/升，即几乎增加 1 倍。全世界的许多气象学家都在努力研究 2 含量增加 1 倍以后，到 2100 年的全球平均气温会升高多少？

温室效应带来的直接后果是全球变暖。但全球平均增温 1.0~3.5℃ 并不均匀分布于世界各地,而是赤道和热带地区几乎不增温(否则也热得受不了),而主要集中在高纬度地区,数量可达 6-8℃ 甚至更大。这一来,便引起了另一严重后果,即两极和格陵兰的冰盖会发生溶化,引起海平面上升。

海平面上升会导致什么结果呢?让我们看一下全球低地与人口的分布情况。

小资料

　人类排放的温室气体等因素会加快南北两极冰盖的融化,使全球海平面以每世纪 4 至 6 米的速度上升。科学家预测,到本世纪末,北极地区的夏季气温将比现在高 3 至 5 摄氏度,格陵兰岛和南极部分地区的冰盖会坍塌融化,全球平均海平面可能比现在高 6 米,大片沿海地区将被淹没。

海平面上升情况又如何?

长期以来,人们倾向于居住在距海 100 公里的区域内或傍河而居。这些地区发展成了大城市。又因经济发展、城市化进程加剧,人口正不断向这些"危险区域"移动。

若把高出海平面不足 10 米的区域称为"低地",则全球共有 6.34 亿人生活在低地区域内,且这一数字还在不断上升,其中大约四分之三住在亚洲。1994 年至 2004 年 10 年间,全球 1562 场洪灾三分之一发生在亚洲。发达国家排放了大多数温室气体,温室气体是全球升温罪魁,因此,发达国家有义务帮助相对贫困的亚洲国家应对未来洪灾威胁。

那么发生灾难时,发达国家与发展中国家承受的危险是一样的吗?

地球、宇宙与空间科学(地理)

气候变化威胁当前，发达国家与发展中国家同样危险，只是处境有所不同。

发达国家以美国为例，未来数十年内，预计海平面将上升数米，这必将造成飓风、龙卷风规模升级。届时，北美两大城市纽约、洛杉矶不仅会受困于凶猛洪水，更可能饱受强风折磨。最坏的猜测是，到2090年左右，原本百年一遇的大洪水可能会每隔三四年光临一次北美。

地球、宇宙与空间科学（地理）

发展中国家的情况则可能更糟，主要体现在防灾、救灾措施的落实之上。由于发展中国家低地人口众多，若发达国家从灾区每转移1人，发展中国家则需转移大约30人；由于防灾措施相对落后，同样情形下，发展中国家受淹土地面积可能是发达国家的12倍。

全球变暖，飓风、台风来势更猛

因海平面上升而受到威胁的海岸

此外，研究结果还指出，CO_2增加不仅使全球变暖，还将使包括我国

北方在内的中纬度地区降水将减少，加上升温使蒸发加大，因此气候

思考一下：夏天温度高，相对于冬天来说会出现什么情况呢？那么，全球变暖还会导致什么后果呢？

将趋于干旱化。大气环流的调整，除了中纬度干旱化外，还可能造成世界其他地区气候异常和灾害。气温升高还容易引起传染病流行等。

温室效应是一无是处吗？

但是，温室效应也并非全是坏事，因为最寒冷的高纬度地区增温最大，因而农业区将向极地大幅度推进。CO_2增加也有利于光合作用而直接提高有机物质产量。

尽管如此，目前大气中CO_2浓度和全球地表温度正迅速增加，以及温室气体增加会造成全球变暖的原理，都是没有争论的事实。因此现在就必须引起高度重视，保护好人类赖以生存的大气环境。

思考

有人认为，百年升高 1.0～3.5℃ 属于气候自然波动的幅度，不能证明是 CO_2 温室效应所致；有人认为地面观测的数据多受日益扩大的城市热岛效应的影响。你认同他们的观点吗？

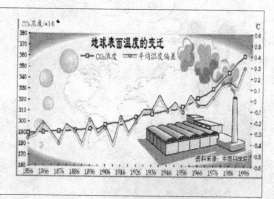

地球表面温度的变迁

给地球降降温

一方面需要人们尽量节约用电（因为发电烧煤），少开汽车；地球上可以吸收大量二氧化碳的是海洋中的浮游生物和陆地上的森林，尤其是

地球、宇宙与空间科学（地理）

热带雨林。所以，另一方面我们要保护好森林和海洋，比如不乱砍滥伐森林，不让海洋受到污染以保护浮游生物的生存。我们还可以通过植树造林，减少使用一次性方便木筷，节约纸张（造纸用木材），不践踏草坪等行动来保护绿色植物，使它们多吸收二氧化碳来帮助减缓温室效应。

给地球降温

我们发烧会烧坏脑袋，地球发烧了也不能置之不理哦！那我们该怎么办呢？

缓解全球变暖要双管齐下，一管是控制CO_2的排放，另一管是采取措施吸收CO_2。

保护森林，人人有责

小资料

空气温度示意图

空气流向
污染物浓度

空气温度

城市　　郊区　　乡村

为什么农村比城市凉快呢？

城市热岛形成原因

地球、宇宙与空间科学（地理）

2000 年世界人口预计要增加到约 62 亿,而且其中约一半居住在城镇里。到 2025 年这个比例预测还将从 50% 增加到 80%。城市中人口密集,工业发达,能耗巨大,绿地极少。城市化的迅速发展,使城市中大气环境严重污染,形成多种环境公害。

城市雾岛

城市的特殊环境形成了城市气候。城市气候相对郊外农村气候来说是个气候岛。例如,城市热岛、干岛、雨岛、烟霾岛、雾岛等。当然,城市也是一个相对周围农村而言的高浓度大气污染岛。

生活小百科

植物——空气净化器

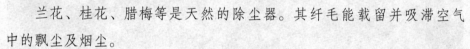

虎尾兰

吊兰、虎尾兰和芦荟可以吸收室内 80% 以上的有害气体,吸收甲醛的能力超强。

常青藤、铁树、菊花、山茶、月季花等能有效地清除二氧化硫、氯、一氧化碳、过氧化氮等有毒物。

兰花、桂花、腊梅等是天然的除尘器。其纤毛能截留并吸滞空气中的飘尘及烟尘。

玫瑰、紫薇、茉莉、柠檬等芳香花卉产生的挥发性油类具有显著的杀菌作用。

茉莉

铁树

 解密温度高低之谜——热量

气温分布

我国温度带划分图

寒温带

中温带

暖温带

高原气候区

北京

暖温带

南海

南海诸岛

亚热带

热带

热带

热量资源是太阳辐射的能量，常用气温表示。我国气温总的特点是北冷南热。

热量资源与农作物的生长发育有密切相关。各种植物的生长发育都是在它必需的农业界限温度以上及其持续期内进行的，例如，温带地区，0℃以上的持续期称为农耕期；5℃以上的持续期称为生长期；10℃以上的持续期称为植物积极生长期。具体农作物而言，水稻——农业界限温度，发芽10~12℃、结实20~25℃，所以温带海洋性气候区不能生长水稻；冬小麦——冬季最低气温在-15℃以上，所以东北地区不宜种植冬小麦；棉花发芽期10.5~12℃、现蕾19~20℃、吐絮20~30℃，整个生长期要求积温至少3000℃。

知识链接

积温是指某时段内逐日平均气温累积之和，单位为℃。我国积温的分布与地理纬度和海拔高度有关。地理纬度愈高，海拔高度愈大，积温愈低。在各种积温中，日均温≥10℃的活动积温常用来衡量大多数农作物所需热量状况。最南的南沙群岛≥10℃活动积温超过10000℃，而黑龙江北部河谷仅1500℃，青藏高原有很大面积不到1000℃。

生活小百科

大棚与温室

日光温室、大棚用于农业的种植生产，会收到事半功倍的效果，那么，它利用了哪些科学的理？

透明的塑料膜可以让尽可能多的太阳光辐射进来，以提高土壤和作物等物体温度，满足作物的光合作用和对温度的需求。而塑料膜的另一个功效是阻断棚内空气与外界空气的直接对流，

地球、宇宙与空间科学（地理）

减少热量与外界空气的交换。在温室大棚内,空气的对流是在棚内循环往复,热量很少向外散失。当温室内的热能收入大于支出时,温度就会升高,也就达到了保温增温的效果。这也就是人们常说的温室效应。

小小科学家

自制温度计

材料: 一个玻璃瓶；用墨水或者使用颜料染过颜色的自来水；蜡笔；橡皮泥；一根吸管（最好是透明的）；剪刀；一片硬纸板

步骤:

1. 在瓶子里面倒大约占瓶子 3/4 体积的染有颜色的自来水。

2. 把吸管插进瓶子，把橡皮泥塞在瓶口，在固定住吸管的同时将瓶子密封起来。

3. 小心地朝吸管中吹气。水会进入吸管，慢慢地往上升。当吸管中的水上升到瓶口上方时，停止吹气。

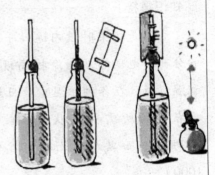

简易温度计的制作

4. 将硬纸片对折后，在上面剪两道小口子。把硬纸片穿在露在瓶子外面地吸管上。

5. 在硬纸片上记下吸管中的水位。

6. 把你自制的温度计放在太阳下面或者放到暖气片旁边。

你将看到:

吸管中的水柱在温度较高的环境中会上升，在温度较低的环境中会下降。

携手自然女神——气候资源的开发利用和保护

不管我们注意到没有，我们每天都在利用气候资源。如冬日雪景是最壮丽的自然景色，夏日雷电则是最惊心动魄的自然现象；秋高气爽使人心情平静，春暖花开使人感到生机盎然。我们的生活生产与气候资源密切相关。农业生产离不开光照、热量和水分的灌溉，交通运输应特别注意沿线的天气变化，医疗商业也会因为气候的改变出现不同的结果，同时，气候所产生的美景变化也带来了旅游业的发展。

南方雨季

北方雪天

 农业的发展离不开气候资源

气候为农业提供光、热、水、空气等物质和能量，是农业自然资源的重要组成部分。当地气候资源决定着当地的种植制度，包括作物的结构、熟制配置、种植方式。气候资源对农业生产的影响是方方面面的，那么，在人类的生产活动中，农业生产如何

棚架与温室

最大限度地利用气候资源呢？随着农业技术的发展，人们广泛采用的间

作套种方式,大棚和温室等农业生产措施以及生态农业、立体农业等,都是合理而充分地利用气候资源,挖掘农业气候潜力的表现。

图为上挂瓜果,下种生姜的立体农业

红柿还未采摘结束,菜豆藤已经爬上架

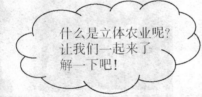

什么是立体农业呢?让我们一起来了解一下吧!

知识链接

立体农业

　　这是一种农作物由平面分布向垂直方向扩展,实行多层次立体种养,从而充分利用光热资源的经营方式。立体农业有这样几种模式:

　　①水田:稻-萍-鱼共生模式,即在水田下起垄,垄上种稻,垄下水中养萍、养鱼;

　　②蔗田:甘蔗苗期套种大豆、西红柿、茄子,后期在甘蔗行间种蘑菇、香菇、木耳;

　　③果园:以果、瓜、豆、菇为主体,种养结合;

　　④庭院:利用庭院零星土地、阳台、屋顶进行种植业、养殖业、农产品加工业的综合经营。

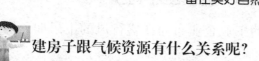 建房子跟气候资源有什么关系呢?

◆日照与街道方位的关系

不同走向的楼宇其两侧窗户的朝向不一样,采光的多少也不一样,因此在进行城镇规划时,要充分利用日照资源。建筑物的日照条件与街道方位有关,因为街道方位影响到建筑物的朝向,对于东西走向的街道来说,两旁的房屋一般为南北朝向,对于南北走向的街道来说,两旁的房屋一般为东西朝向。进而影响建筑物的日照条件。

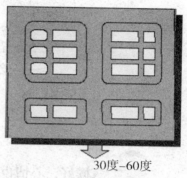

30度~60度

就北半球来说,朝北的房屋,光照条件较差。而东北——西南和西北——东南走向的楼宇其两侧的窗户的光照条件都比较好。为了充分利用日照资源,街道宜采用南北向和东西向的中间方位,即要使街道与子午线成30°~60°夹角。

◆风与城市规划

风对大气污染物既有稀释作用,又有输送扩散作用,而风向决定了污染物的输送方向。为了尽可能地减少工厂排出的烟尘、废气对居民区的污染,在城市规划时应遵循"主导风向"的布局原则。

为了尽可能减少工厂排出的烟尘、废气对居民住宅区的污染,在对常年盛行一种主导风向的地区进行城市规划时,

重污染企业 　居民区 　轻污染企业

常年盛行一种风的地区布置

常年盛行一种风的地区布置

地球、宇宙与空间科学(地理)

应将向大气排放有害物质的工业企业布局在盛行风的下风向，居住区布局在上风向。

对季风盛行为主的地区该怎么布置有大气污染的工业呢？
对盛行多种风向的地区又该怎么布置？

 气候好，心情也好，身体倍棒

当电视剧里出现悲惨的事时，总会伴随着阴雨绵绵的天气，你肯定会说，这是为了配合剧情需要啊！今天我们要讨论的是，阴雨天气真的会对人的心情造成影响吗？气候的好坏真的会影响人的健康吗？

古语说的"天昏昏令人郁郁。"意思就是在阴雨连绵的季节，人们的精神较懒散，心情也不畅快。阴雨天气影响人的健康是有道理可寻的！因

阴雨天气是会影响心情，可不能成为你偷懒的借口哦！

为阴雨天气下光线较弱，人体分泌的松果激素较多，这样，甲状腺素、肾上腺素的分泌浓度就相对降低，人体神经细胞也就因此"偷懒"，变得不怎么"活跃"，人也就会变得无精打采。

小知识

天气与心情

人们的冷、热、燥、闷等多种感觉，甚至人们的心情都与气候环境有着密切的关系。

一般来说，环境温度在16℃～20℃是人体舒适的气温范围。冬季

15℃～20℃、夏季 19℃～24℃时，人会感觉比较舒适，工作效率高，在空气相对湿度为 50%～70% 时感觉舒适。当湿度适中时，气温在 25℃以是感觉暖和；30℃以上感觉热；40℃以上持续的时间太长，大脑就会受到永久性的伤害。

一年四季，气候变化，对人体健康会产生不同影响，人体的生理活动也应随季节更替，呈现出周期性节律，若节律破坏就会形成疾病。诸如患有精神抑郁症者的疾病程度会加深；心血管患者的发病率、死亡率在冬季最高；慢性肾炎、溃疡病，多发于11月至次年初春；幼年型糖尿病亦是从11月始显著增多；另外，支气管炎、支气管哮喘也由深秋起，随天气渐冷而发作的可能增加。此类现象，医学上称季节病或气象病症。

气象条件与疾病的关系可以是直接的，也可以是间接的。气象要素作为发病的直接原因如冻伤和中暑，是在一定的气象条件的综合影响下直接引起的疾病；气象要素作为发病的间接原因，则是作为一个非特异刺激促进疾病复发或使病情波动，或由于影响病原体生长、繁殖，再对人体起作用。在一年四季中，各种疾病的发生有不同的季节变化，我们知道乙脑病人多发于夏、秋季节，麻疹、流脑、猩红热流行于冬、春季节。不单是传染病，其它一些疾病的发生也有明显的季节性。急诊值班医生们常常有这样的体会，某些疾病在几天内突然增加，这与天气的非周期变化有关。受天气非周期变化影响的疾病

阿嚏！

冬天是呼吸道传染病高发季节

一走就疼！！！

很多,如,关节痛、溃疡病、陈旧性外伤、哮喘、偏头痛、心肌梗塞、中风等。但天气变化也并非每次都能诱发"气象病",这由许多情况来决定。重要的是还应通过适宜的锻炼,增强体质以适应各种天气的变化。

小资料

近几年来,欧美国家已将气候环境作为一种治疗或身体康复的常用方法,这种方法被称为"气候疗法"。

山区树木繁多,空气清新,海拔越高,日射越强,有镇静和杀菌作用。所以患有轻度的全身性贫血、结核病、慢性支气管炎、气喘等病人都适宜于在山区进行疗养。

海滨空气富有臭氧、盐分和碘,同时由于海浪不时拍击海岸,所以海滨空气也含有大量阴离子。再加海水热容量的调节作用,海滨的气温变化缓慢,加之风向有日变化的特点,白天风从海上吹向陆地,所以白天比较凉爽,食欲增强,呼吸功能改善,血色素、红血球、白血球增加,因而慢性支气管炎、高血压、结核病、轻度贫血等适宜于海滨疗养。由于紧张而造成的神经过敏消化不良、失眠、疲劳等症,到户外进行空气浴和让海风吹拂,不久即可趋于正常。

平原气候较之高山气温为高,气压也大,太阳辐射比高山少,气温变化比较小。气候特点是因地形而异,一般太阳

气候资源还与哪些行业有关系呢?

辐射充足,过湿之感。对神经系统、血管系统、呼吸系统的刺激不大,故适应经常罹患上呼吸道炎症的患者、动脉硬化及非结核的呼吸道患者,以及休息或消除疲劳。

保护生命之源——水资源

水是生命的保障，力量的源泉，没有水，地球将是一死寂的世界，哪里还谈得上青翠满眼、白云飘荡！水以液态、固态和气态三种形式覆盖了地球四分之三的面积，水分布于大气圈、水圈、地壳和生物机体内，进行着物质循环。生命起源于水，人类的生存和发展理离不开水，保护水资源是全人类共同的责任。

地球、宇宙与空间科学（地理）

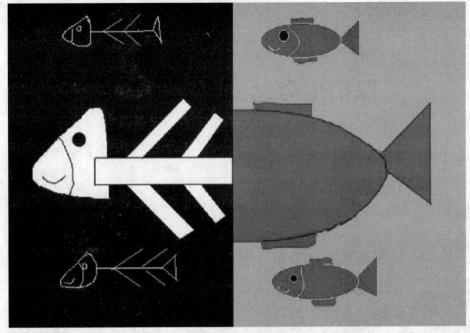

珍惜水源就是珍视生命

 别让眼泪成为地球最后一滴水！

　　世界上有 80 个国家约 15 亿人口面临淡水不足，其中 29 个国家的 4. 5 亿多人口完全生活在缺水状态中。中国，正有几十条，甚至上百条河流，如摸底河一样，正在渐渐消失。如果我们还不加以重视，那么，"地球上最后一滴水将是人类的眼泪"的预言将会成为事实。

　　水是我们生命的源泉，让我们携起手共同保护我们的水资源吧！

饮水思源——水从哪里来

我们生活的地球上海洋面积占 70.8%。如果把地球上的所有高山和低谷都拉平，再把地球上的水全都包围起来，那么地球表面的水就深达2400多米，地球，真是名副其实的"水球"，但是，地球刚刚诞生的时候，没有河流，也没有海洋，更没有生命，它的表面是干燥的，大气层中也很少有水分。那么如今浩渺的大海，奔腾不息的河流，烟波浩淼的湖泊，奇形怪状的万年冰雪，还有那地下涌动的清泉和天上的雨雪云雾，这些水是从哪儿来的呢?

地球肚子里孕育的宝宝?

目前大多数科学家认为，地球上的水，是地球在漫长的历史进程中，由组成地球的物质逐渐脱水、脱气而形成的。科学家对组成地球的地幔的球粒陨石进行分析，发现含有0.5% - 5%的水，最多的可达10%。如果当初组成原始地球的陨石，只要有1/800是这些球粒陨石的话，那么就

球粒陨石

足以形成今天的地球水圈。问题是，当初是这样的情形吗? 至今没有定论。

太空送给地球的礼物?

另有科学家认为，水的来源是太空和地球内部。水从太空来到地球

地球、宇宙与空间科学（地理）

有两个途径：一是落在地球上的陨石，二是来自太阳的质子形成的水分子。然而美国科学家最近提出一个令人瞩目的新理论：地球上的水来自太空由冰组成的彗星。这是有科学依据的。因为从人造卫星发回的数千张地球大气紫外辐射图像中，发现在圆盘形状的地球图像上总有一些小黑斑。经过分析，这些小黑斑是由一些看不见的冰块组成的小彗星冲入地球大气层，破裂和融化成水蒸气造成的。科

冰彗星

学家估计，每分钟大约有 20 颗直径为 10 米的冰状小彗星进入地球大气层，每吨释放约 100 吨水。地球形成至今大约已有 38 亿年的历史，由于这些小彗星不断供给水分，从而使地球成为今天我们看到的蓝色美丽的星球。

小实验

水从哪里来

为什么凉快的早晨水滴会出现在植物上，而那时天空并没有下雨？通过冷却空气，你就可以知道水来自看不见的空气。这个实验也将告诉你，云、薄雾、浓雾是如何在空气中形成的。

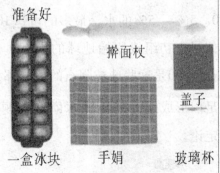

准备好
擀面杖
盖子
一盒冰块　　手娟　　玻璃杯

实验材料：一盒冰块、手绢、干玻璃杯、擀面杖、盖子（或卡片）

实验步骤：

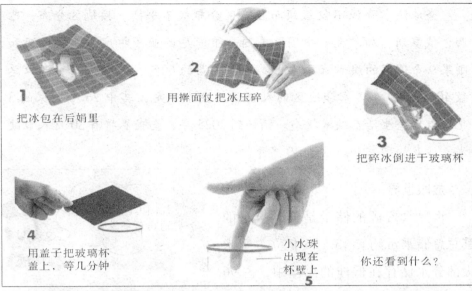

1 把冰包在手娟里

2 用擀面仗把冰压碎

3 把碎冰倒进干玻璃杯

4 用盖子把玻璃杯盖上，等几分钟

5 小水珠出现在杯壁上

你还看到什么？

丰富还是匮乏？——水资源含量知多少

小资料

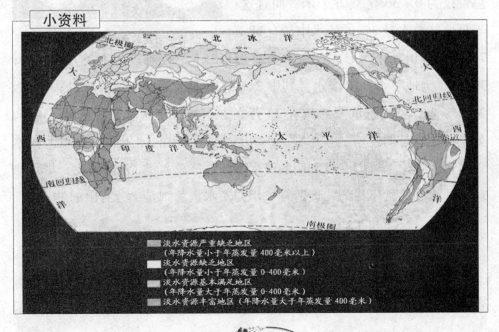

■ 淡水资源严重缺乏地区
（年降水量小于年蒸发量400毫米以上）

□ 淡水资源缺乏地区
（年降水量小于年蒸发量0-400毫米）

■ 淡水资源基本满足地区
（年降水量大于年蒸发量0-400毫米）

■ 淡水资源丰富地区（年降水量大于年蒸发量400毫米）

全球淡水资源不仅短缺而且地区分布极不平衡。按地区分布，巴西、俄罗斯、加拿大、中国、美国、印度尼西亚、印度、哥伦比亚和刚果9个国家的淡水资源占世界淡水资源的60%，而约占世界人口总数40%的80个国家和地区的人口面临淡水不足，其中26个国家的3亿人口完全生活在缺水状态。预计到2025年，全世界将有30亿人口缺水，涉及的国家和地区达40多个。

放眼世界

世界水资源的储量是极其丰富的，其总总储水量约有13.86亿立方千米，大部分水储存在低洼的海洋中，占96.5%，而且其中97.5%（分布于海洋、地下水和湖泊水中）为咸水，不能直接为人类利用。陆地水中淡水的总量仅为0.36亿立方千米，而且这不足地球总水量3%的淡水中，有68.

我们可以喝的水到底有多少呢?

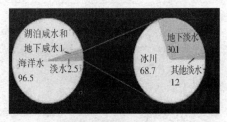

我们可用的水非常有限啊

7%是以冰川和冰帽形式存在于极地和高山上，也难以为人类直接利用；30.1%为地下水和土壤水，其中2/3的地下水深埋在地下深处；江河、湖泊等地面水的总量大约只有23万立方千米，占淡水总量的0.36%。如果考虑现有的经济、技术能力，扣除无法取用的冰川和高山顶上的冰雪储量，理论上可以开发利用的淡水不到地球总水量1%。因此，尽管地球上的水是取之不尽的，但适合饮用的淡水水源则是十分有限的。

世界水资源问题

虽然地球的70%面积覆盖着水，但可供人类利用的水非常有限。水资源利用中，农业用水占用了全球淡水资源的约70%，联合国预计在未

来的 20 年里，世界需要增加 17% 的淡水灌溉农作物以满足人类对粮食的消费，加上工业用水、家庭用水和市政供水，到 2025 年，整个淡水供给需要增加 40%。水危机已经严重制约了人类的可持续发展。人类不合理利用也造成水资源的萎缩。过度用水、水污染和引进外来侵略性物种造成湖泊、河流、湿地和地下含水层的淡水系统的破坏，已经给人类带来严重后果。在美国、印度和中国的一些地区，过度开采地下水，水床沉降而无法补充河流的水源，常常造成河流断流而使下游干涸，如美国的科罗拉多河和中国的黄河。

关注中国

在淡水资源方面，大自然对中国并不慷慨，甚至相当吝啬。我国淡水资源总量为 28000 亿立方米，占全球水资源的 6%，仅次于巴西、俄罗斯和加拿大，居世界第四位，但人均只有 2300 立方米，仅为世界平均水平的 1/4、美国的 1/5，在世界上名列 121 位，全国有 300 座城市缺水，因缺水全国城市工业每年损失 1200 亿元。是全球 13 个人均水资源最贫乏的国家之一。

按照国际公认的标准，人均水资源低于 3000 立方米为轻度缺水；人均水资源低于 2000 立方米为中度缺水；人均水资源低于 1000 立方米为重度缺

水；人均水资源低于500立方米为极度缺水。中国目前有16个省（区、市）人均水资源量（不包括过境水）低于严重缺水线，有6个省、区（宁夏、河北、山东、河南、山西、江苏）人均水资源量低于500立方米，为极度缺水地区。

中国水资源分布也很不平衡。长江流域及其以南地区国土面积只占全国的36.5%，其水资源量占全国的81%；淮河流域及其以北地区的国土面积占全国的63.5%，其水资源量仅占全国水资源总量的19%。

洪涝

中国水资源不仅空间分布不均，年内年际分配也不匀，大部分地区年内连续四个月降水量占全年的70%以上，连续丰水或连续枯水较为常见，旱涝灾害频繁。

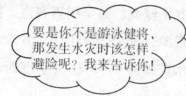

要是你不是游泳健将，那发生水灾时该怎样避险呢？我来告诉你！

生活小百科

当你遭遇城市水灾时该怎样避险？

●在洪水来临时，应临时关闭家中所有的电源。

●暴雨时不要在变压器下避雨。遇到小的内涝，可在家门口构筑堤坝挡水。

●城市中遇到洪水应迅速登上牢固的高层建筑避险，而后要与救援部门取得联系。

● 将衣被、不便携带的贵重物品等放在高处保存，票款、首饰等缝在衣物中保存。

● 当遇到堤坝决口，洪水倒灌时，要扎制木排并收集如木盆、木桶等漂浮工具备用。

● 遇到排水道堵塞导致积水，不了解水情时切忌冒险行事，要在安全地带等待救援。

● 在内涝稍退后，要注意消毒、防止蚊蝇滋生和传染病蔓延。

像我一样站高点才够安全

阅读并思考

你认为中国水资源分布不均的原因是什么？

中国"南涝北旱"现象

中国在上个世纪50至70年代一直是北方降水多，南方降水少。从80年代开始，中国气候出现了大转折，南方降水增多，北方降水减少，导致了目前"南涝北旱"的状况。20世纪80年代形成并持续至今的"南涝北旱"状况处于相对稳定时期，这一现象将在未来10－30年内继续影响中国大部分地区。

对于出现这种气候现象的原因，专家认为，夏季来自印度洋的季风近年来呈减弱趋势，带给中国北方地区的水蒸气总量减少。同时，受中高纬度大气环流反向运动的影响，贝加尔湖以南的低气压近年来逐渐转变为高气压，南下进入中国的冷空气变得干燥，致使冬季北方降水减少。

　　除了自然原因以外，一些专家指出人类活动也是造成"南涝北旱"的因素之一。中国南方较集中的工业生产造成的"黑碳"和硫化物的大量排放，由于黑碳吸收太阳的辐射能力很强，造成大气升温，气流上升，进而导致降水增多。而在北方，大量工业用煤的情况并没有南方明显。

千姿百态水家族——认识水资源

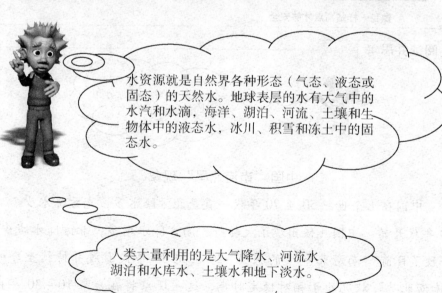

水资源就是自然界各种形态（气态、液态或固态）的天然水。地球表层的水有大气中的水汽和水滴，海洋、湖泊、河流、土壤和生物体中的液态水，冰川、积雪和冻土中的固态水。

人类大量利用的是大气降水、河流水、湖泊和水库水、土壤水和地下淡水。

处在虚无缥缈间——大气水

杯子里装着半杯水，明眼人都会这样看，也会这样说。其实另外半杯"空"的地方，也装着水，而且装得满满当当的。只是它们是气态的，又是无色的，所以一般人没有在意它们罢了。

半杯水还是整杯水？

我们常见的天气气候现象如云、雾、雨、雪、霜等都是大气水的存在形式。降雨和降雪合称大气降水，是大气中的水汽向地表输送的主要方式和途径，也是陆地水资源最活跃、最易变的环节。

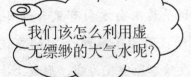

我们该怎么利用虚无缥缈的大气水呢？

我国年平均大气水资源总量约为 18.2×10^{12} 立方米，大气水资源相对于地表水资源（2.7×10^{12} 立方米）和地下水资源（1.0×10^{12}）而言较为丰富，具有较大的开发利用潜力。所以，我们应该科学、合理地开发利用和调控大气水资源，而常见的手段之一就是人工增雨，促使更多的云水转化为降水，可以在一定程度上缓解我国部分地区水资源短缺问题。

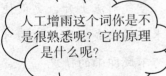

人工增雨这个词你是不是很熟悉呢？它的原理是什么呢？

生活小百科

怎样看云识天气

天空中的云就像魔术师，形状变来变去，它每变一种类型，就代表一种特定的天气，俗语说，"看云识天气"，意思是只要正确认识不

同类型的云，便可以帮助我们预测未来几天的天气情况了。

"云往东，刮阵风；云往西，披蓑衣"

低云

这里所指的云，是低压区里的低云。低压是自西向东的（实际上往往是自西南向东北移动）。云往西，说明该地处于低压前部，本地将因低压移来而降雨；云往东，说明低压已经移过本地，本地处于低压后部，天气即将转晴，转晴之前常常要刮一阵风。

乌云

"早上乌云盖，无雨也风来"

是说早晨东南方向有黑云遮日，预示有雨。因为早晨吹暖湿的东南风，温度较本地空气为高，形成上冷下热，水汽易上升成云，再加上白天地面受热，空气对流上升，更促使云层抬高，水汽遇冷成水滴，从而可能使天气变为不风即雨的情况。

黄云

钩卷云

"黄云上下翻，将要下冰蛋"

黄云多是暖湿空气强烈上升所致，出现这种情况多降阵雨与冰雹。

"云钩向那方，风由那方来"

云钩指的是钩卷云的尾部，出现在高空，有时上端有小钩，也有排列成行的。上端小钩所指，是高空风的方向，而高空风往往又与地面相连，所以根据云钩方向大体可测知风的来向。

你还知道哪些云呢？它们的出现会带来什么天气？

向天上要水，合理利用云水资源

大气云水资源作为一种特殊的自然资源具有其自身的特性。

大气云水资源储量巨大。据研究表明，全球大气中的总含水量约为12.9万亿吨，且大气水分的80%集中于离地面2km的大气层内，据各地的气象观测资料和卫星遥感观测数据

积雨云

推算全球大气云层中的含水量大约是900亿吨。又如我们常见的天空中形似菜花、云体高耸如山的积雨云，虽然其水平范围不大，直径约为10km，但厚度却可达10km以上，这种云水分较多，每1立方米的含水量超过1克，一般情况下这种云体在700立方公里左右，整个云体的总水

量可上百万吨，在它几个小时的生命
史里可降下 1000 万吨的水。

大气云水资源的可再生性和再生
周期短。据研究表明，大气中的水分
每 8 天循环一次，蒸发到大气中的水
分以水气形态存在 8 天、以云形态存
在 1．8 小时、以雨滴或雪花形态存在 13 分钟，最后降落到地面或海洋。

大气云水资源利用成本低廉。1999～2005 年北京市一共用飞机进行
了 22 次液氮人工增雨作业，共增加了 8．98 亿 m^3 降水，相当于每年增加
53 个昆明湖的水量，北京人工增雨的投入产出比高达 1：90，人工增雨
1m^3 水花费不到 5 分钱。从全国人工增雨的效益来看，一般都在 1：20 至
1：40 左右。

目前，对大气云水资源的利用——人工增雨已越来越被广泛地应用。

 ## 看得见摸得着——地表水

纵观人类历史的发展过程，不难看到多个世纪以来，世界各地的大
小河流，自古以来就是人类生息繁衍的主要活动场所，被人们看作是生
命的源泉、人类文明的摇篮，许多早期的文明都发源于沿河区域。例如，
发源于底格里斯河和幼发拉底河肥沃冲积平原上的
古美索不达米亚文明，发源于尼罗河谷地的古埃及
文明，发源于黄河谷地的早期社会。如果单从人类
的角度出发，河流是人类饮用水的主要水源、是降
水缺乏地区作物的主要水源、同时也是发电及加工
各种物质材料的主要水源。河流是重要的自然资
源，在灌溉、航运、发电、养鱼及城市供水等方面

母亲孕育了孩子，
河流孕育了文明。

发挥着巨大的作用。

阅读

孕育了古埃及文明的尼罗河

世界上的文明，都与河流结下不解之缘，但没有一种人类文明对河流的依赖达到了古埃及与尼罗河的程度。尼罗河催生了埃及人类最早的文明，催生了科技的发，也促进了经济的发展，但它对埃及最大的礼物，是它对农业的贡

献。在古代先民眼中，洪水是灾难，但是在埃及，尼罗河洪水的泛滥却完全不是这样。在极端干旱的环境中，尼罗河泛滥蕴含的水资源是何等的珍贵。它不仅提供了生产、生活所需的水，还将上游大量的营养土带到埃及，每次洪水过后，便会留下一层厚厚的富含营养的淤泥，这是埃及耕地的唯一来源。奇特的是，每一次泛滥还是对土壤盐分的稀释过程，这样，它还自然而然地解决了困扰了干旱地区农业中常遇到的盐碱化问题。当近在只尺的两河流域人民盐碱化不得不放弃一片又一片精耕细作的土地时，埃及却因尼罗河的恩赐而坐享其成。

小实验

实验材料：一块橡皮泥，玻璃球，一杯水

把玻璃球放在水中，它们会沉在缸底，现在把橡皮泥做成球放进水中

橡皮泥也下沉了！

把橡皮泥做成一条小船呢？

小船下沉了吗？没有，小船飘起来了

在小船上放玻璃球，小船会不会沉呢？

你知道为什么船可以在水中漂浮呢？

河流水资源是地表水资源的重要组成部分，我国大小河流的总长度约为 42 万公里，径流总量达 2.7115 万亿立方米，占全世界径流量的 5.8%，居世界第六位。但就水资源与国土面积、耕地面积对比而言，则处于世界中下水平，耕地亩均水量只及世界水平的 3/4，远低于印尼、巴西、日本和加拿大；而人均水量仅及世界人均水平的 1/4 强，是美国的 1/5，前苏联、印尼的 1/7，加拿大的 1/50，属于贫水国家之列。

中国的河流数量虽多，但地区分布却很不均匀，全国径流总量的 96% 都集中在外流流域，面积占全国总面积的 64%，内陆流域仅占 4%，面积占全国总面积的 36%。受季风气候影响，冬季是中国河川径流枯水季节，夏季则丰水季节。

我国的内流流域和外流流域

思考

什么是内流流域、外流流域？举例说明。

一起去旅游

同学们，你知道长江经过哪几个省吗？让我们顺着长江水，一起来一次旅行吧！

长江，长 6300 多千米，仅次于南美洲的亚马逊河和非洲的尼罗河，为世界第三大长河；入海水量近 1 亿立方米，占全国河流径流量的 37%，仅次于亚马逊河和非洲的刚果河，居世界第三位；水能资源极为丰富，相当于美国、加拿大和日本三国水能资源的总和，也列为世界第三位。

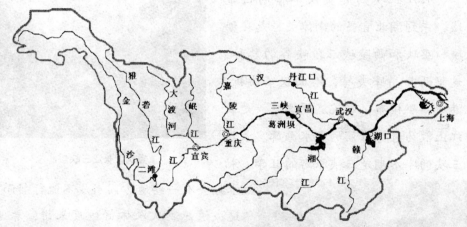

要旅行怎么可以没有地图呢？

长江发源于世界屋脊——青藏高原的各拉丹冬雪山西南侧，从江源到当曲口，长 358 公里，称沱沱河，为长江正源。沱沱河地区最佳的旅游时间为 7 月-8 月中旬，到 8 月下旬就开始冷了。9 月也可以，因为可以看到一路渐行渐低的雪线，风景很是壮观。

长江第一湾，位于丽江纳西族自治县石鼓镇。从"世界屋脊"青藏高原奔腾而下，到了丽江县的石鼓，金沙江突然来了一个百多度的急转弯，掉头折向东北，形成罕见的"V"字形大弯，人称"长江第一湾"。石鼓镇因有一个用汉白玉雕刻的鼓状石碑而得名，溯江而上约3公里，就是一向以险要著称的石门关。

长江源头的冰川

长江第一湾

长江三峡西起重庆奉节的白帝城，东到湖北宜昌的南津关，是瞿塘峡、巫峡和西陵峡三段峡谷的总称，这里两岸高峰夹峙，港面狭窄曲折，港中滩碛棋布，水流汹涌湍急，是长江上最为奇秀壮丽的山水画廊。长江三峡的丰水期是三峡旅游的旺季，枯

重庆，长江三峡

水期会有一些地方因水浅不能行船而造成遗憾。从人体舒适度来讲，春、秋温度比较适宜，适合出游。

顺浩浩长江而下，就到了堪称为长江锁钥的新滩，新滩既是滩名，也是镇名。在西陵峡上段兵书宝剑峡出口之处，坐落着一座古老、纯朴而优

长江锁钥——新滩

美的小镇。山脚之下，横着一条狭窄的街道，清末时期的古建筑群，沿岩搭建的吊脚楼，错落有致地分布在江边。这就是有名的青滩镇。青滩长约11公里，由3个滩组成。南北两岸，悬岩峭壁，临江屹立，遥相对峙，是峡中有名的险滩，历史上曾发生多次岩崩，历史记载，"舟行倾覆者十之八九"。

万里长江映彩霞，高山峡谷千秋坝。站在西陵峡口，眺望葛洲坝这座世界级水利枢纽工程，只见它犹如一颗璀璨的明珠镶嵌在风光秀丽的三峡峡口，自然风光和人工奇观交相辉映，相得益彰，为美丽的三峡添上了浓墨重彩的一笔。

葛洲坝

到了武汉，一定要观摩一下我国万里长江上修建的第一座铁路、公路两桥——武汉长江大桥，如果你到大桥公路桥面参观，眺望四周，整个武汉三镇连成一体，使人心旷神怡，浮想联翩，真是"一桥飞架南北，天堑变通途"。

万里长江第一桥——武汉长江大桥

长江之旅快到尽头了，最后我们在长江入海口——上海逗留几天吧！上海是中国第一大城市，世界第八大城市，中国最大的经济中心和贸易港口，同时上海也是中国的历史文化名城，是近现代中国的"缩影"，南京东路、外滩、陆家嘴、城隍庙、新天地，玉佛寺等都是值得一去的地方。

长江入海口，上海

大地"明珠" ——湖泊

当我们翻开地图，首先映入眼帘的是那些蓝色的、绿色的大小不一，形状各异的图案，像颗颗明珠，镶嵌在祖国的锦绣河山之中，晶莹夺目，把我们生活的家园点缀的格外美丽，这些大地的明珠，就是人们常说的湖泊和水库。

太湖

湖泊是什么？大多数人都会有亲身的感觉。不就是陆地上储水的洼地吗？是的！但按其科学的涵义，湖泊指的陆地上低洼地区储蓄着大量而不与海洋发生直接联系的水体，因此，凡是地面上一些排水不良的洼地都可以储水而发育成湖泊。水库属于人工造成的一种湖泊。

水库

中国湖泊的分布很不均匀，1平方千米以上的湖泊有2800余个，总面积约为8万平方千米，多分布于青藏高原和长江中下游平原地区。其中淡水湖泊的面积为3.6万平方千米，占总面积的45%左右。此外，中国还先后兴建了人工湖泊和各种类型水库共计8.6万余座。

为什么我国昆明四季如春？

湖泊不仅是水资源和水力资源的贮藏地。同时，为我们人类提供了灌溉、航运、发电、调节径流、发展旅游之便。水中的鱼、虾、蟹、贝、菱、藕等动植物资源，并为人类副食来源之一，而且收获比河流更易进行。

湖泊还具有调节气候的功能，最典型的当属我国云南省的滇池和洱海，八百里滇池夏季吸收酷暑，冬季释放热量，同时又有大量的水蒸气的扩散，形成了地区性的小气候，使得昆明气候温和湿润，夏无暴热，冬无严寒。

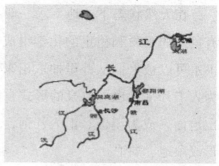

长江中下游湖泊群

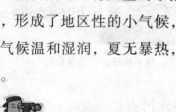

默默地奉献着——地下水

地下水往往被人们轻易地忽略了，因为它深藏在地下，远离我们的视线，因而许多人对它知之甚少。事实真的是这样吗？

其实人们对地下水并不陌生。你泡过温泉吗？温泉是地壳深处的地下水受地热作用而形成。你喝过井水吗？井水就是人工挖掘的浅层地下水。

温泉

其实，在世界各国供水量中，地下水占很大比例，如丹麦、利比亚、沙特阿拉伯与马耳他等国均占100%，圭亚那、比利时和塞浦路斯等国占80～90%，德国、荷兰与以色列占67～75%，原苏联占24%，美国占20%。美国1/3的水浇地依赖地下水灌溉。在我国当前的用水结构中，地下水雄踞一端，占据了全国总供水量的1/5。

井

在天然状态下，地下水一般都具有良好的水质和稳定的化学组成，地下水可以被人们从井里抽取出来，称为人工开采，也可以泉的形式自动流出地面，成为溪流、汇入江河，或得形成湿地、湖泊。

地下水还能"洁身自好"吗？

地球、宇宙与空间科学（地理）

小资料

美国如何监测地下水污染

在美国，地下水是重要的饮用水资源。大约50%的饮用水来自地下水。另外地下水也是某些地区的农业灌溉用水。与地表水不同，当地下水被污染后，清除污染是非常困难和昂贵的，而且清除的过程有时可超过10年。在某些情况下，被污染的地下水将不可能恢复到污染前的水质。

正是鉴于地下水资源的宝贵及其特殊性，必须对填埋场下的地下水进行监测。即便填埋场设计和施工都达到了规定的要求，仍然不能绝对保证不会发生渗漏现象。所以，《美国资源保护和回收法》专门作出规定要求所有的填埋场必须设有地下水监测系统。在所有监测过程中，第一步被称作检验性监测，即对照该地区地下水的本底值的监测。在这类监测中，每口监测井必须每半年至少取样4次。目的是为了检验地下的最高蓄水层中是否有超过正常含量的被监测物质。

当被监测物超过了正常含量时，说明填埋场有可能出现了渗漏。这时根据法规的要求，填埋场的业主必须在7天内向当地环保局报告。同时必须开始在所有的监测井分析超量物质。在90天内，填埋场的业主必须向环保部门呈交一份修改经营许可的申请。在180天内，再呈交一份关于清理地下水污染的可行性计划。当然，如果填埋场可以证明水样中的超量有害物并非来自该处，以往的检验性监测仍然可以继续进行。

当经过证实，地下水中污染物含量的升高的确是由填埋场的渗漏所造成的，下一步的监测就被称为执行性监测，意即执行特定标准的监测。这类监测的目的是要发现那些已经渗入地下水中的污染物含量是否会超过一个特定的标准。这个标准一般是来自美国国家环保局公布的饮用水的污染物最高允许含量。

这时的监测要根据地下水流出填埋场的方向选择垂直面来监测流经这一垂直面最高蓄水层中的污染物含量。如果污染物的含量维持在最高允许含量以下，这类监测要一直持续到该填埋场关闭为止。个别情况下，即使在填埋场关闭后的一段时间内，业主仍然有责任继续这类监测，原因是某些污染物由土壤中渗入地下水的速度很缓慢，所以需要有足够的时间来最终确定所有渗入地下水的污染物是否会超过最高允许含量。在全部监测过程中，监测结果都要交由环保部门审阅。

如果在以上的监测中发现污染物确实超过了最高允许含量，业主必须在7天内书面通知环保局。然后呈交修改经营许可的申请并开始进行清理污染行动。清理污染的地下水有两种要求：一种是把地下水抽出后运往另外的地点进行处理；另一种是在原地点抽出处理后直接注入地下。目前有很多处理污染地下水的技术。至于采用何种技术往往要根据污染物种类、污染的程度、地质条件、清理费用和清理周期来决定。全部的清理行动都必须在州环保部门以及美国国家环保局的监督下进行。清理行动不由填埋场停止运营而终止，而是根据清理后的污染物含量是否低于最高允许含量来决定。清理费用来自填埋场业主。

小水珠的环球旅行——水循环

大气的污染会导致水的污染吗？土壤的污染会影响水的质量吗？

地球、宇宙与空间科学（地理）

水是个疯狂的旅行者，她不仅周游列国，还上天入地。地球水圈中的水体在太阳的照射下处于不间断的循环运动之中。正是由于这种永不停息的大规模水循环，才使得地球表面沧桑巨变，万物生机盎然。

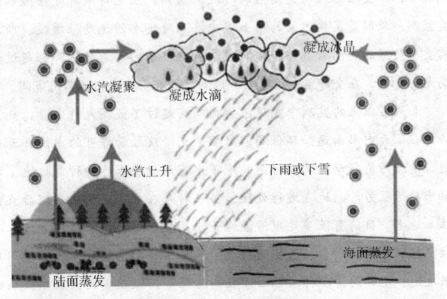

水汽凝聚   凝成水滴   凝成冰晶

水汽上升   下雨或下雪

陆面蒸发   海面蒸发

"惊天动地"——水循环

什么是水循环?

在太阳能和地球表面热能的作用下，地球上的水不断被蒸发成为水蒸气，进入大气。水蒸气遇冷又凝聚成水，在重力的作用下，以降水的形式落到地面，这个周而复始的过程，称为水循环。水循环分为大循环和小循环。从海洋蒸发出来的水蒸气，被气流带到陆地上空，凝结为雨、雪、雹等落到地面，一部分被蒸发返回大气，其余部分成为地面径流或地下径流等，最终回归海洋。这种海洋和陆地之间水的往复运动过程，称为水的大循环。仅在局部地区（陆地或海洋）进行的水循环称为水的小循环。环境中水的循环是大、小循环交织在一起的，并在全球范围内和在地球上各个地区内不停地进行着。

地球、宇宙与空间科学（地理）

1. 读图思考，驱动水循环的能量主要是什么？
2. 大量砍伐树木会给当地水循环带来什么影响呢？
3. 结合实例，说明人类活动主要对水循环的哪些环节产生影响。

小资料

黄河输沙造陆——水循环改变地形

黄河是中国第二长河，作为世界上含沙量最大的长河，每年从黄河中游进入到下游的泥沙约16亿吨，其中有4亿吨淤积在下游河床，使河道高出两岸地面，形成举世闻名的"地上悬河"，严重威胁着当地人民的生命财产安全。

黄河造就三角洲，靠的是大量泥沙。据山东省水利厅提供的资料，1855～1953年，扣除改道年份，黄河64年造陆面积达1510平方千米。1954～1982年，黄河造陆面积达1100平方千米，平均每年造陆面积38平方千米，三角洲一带的海岸线平均每年外延0.47千米。现在山东省东营市的河口地区，大部分是黄河淤积出来的"新大陆"。

　　水循环在总体上受到自然规律的支配，所以说，水是洁净的可再生资源。而水循环过程在地球青峰中个区域又是不平衡的，尤其是有些地区淡水资源奇缺，我们必须很好地珍惜。水循环对人类活动的影响巨大，而人类目前只能以增加或减少地表蒸发、人工增雨及跨流域引水等方式，去影响水循环的个别环节。

人类活动影响水循环

　　自然因素固然会影响到水循环过程，比如，风向影响了水循环的位置，温度影响了水循环的周期等。但人类活动不断改变着自然环境，越来越强烈地影响水循环的过程。人类构筑水库，开凿运河、渠道、河网，以及大量开发利用地下水等，改变了水的原来径流路线，引起水的分布和水的运动状况的变化。农业的发展，森林的破坏，引起蒸发、径流、下渗等过程的变化。城市和工矿区的大气污染和热岛效应也可改变本地区的水循环状况。人类生产和消费活动排出的污染物通过不同的途径进入水循环，从而使地表水或地下水受到污染，最终使海洋受到污染。水在循环过程中，沿途挟带的各种有害物质，可由于水的稀释扩散，降低浓度而无害化，这是水的自净作用，但也可能由于水的流动交换而迁移，造成其他地区或更大范围的污染。所以，人类对环境的污染是综合性的，保护环境，就要保护环境中的每一种资源。

污染的仅仅是一条河吗？

污染的仅仅是大气吗？

上海变"下海"——地面沉降

从1921—2000年，上海中心城区下沉了1.89米，年最大沉降量曾达到110毫米。目前，上海中心城区地面标高在3—3.5米，内环线内区域标高在2.5—3米。人们惊叹上海倘若再以这样的速度沉降，数十年后，上海人将生活于海平面以下。

地面为什么会沉降？

产生地面沉降虽然与许多因素有关，但导致地面沉降灾害的主要原因是人类工程经济活动。这个问题已经具有世界性的普遍意义。人类工程和经济活动的作用有两个方面：一是有可能加剧地面沉降；二是也能减缓地面沉降的速率与强度。人类活动加剧地面沉降，主要表现在以下几个方面：

这样的房子谁敢住？

①大量开采地下水、地下水溶性气体或石油等活动，已被公认为人类活动中造成大幅度、急剧地面沉降的最主要原因；

②开采地下固体矿藏特别是沉积矿床，如煤矿、铁矿，将形成大面积的地

地球、宇宙与空间科学（地理）

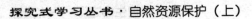

下采空区，导致地面变形（下沉）；

③重大的工程建筑物对地基施加的静荷载，使地基土体发生变形；

④即使是在低荷载的持续作用下，土体的蠕变也可引起地基土的缓慢变形。地面上的动荷载（振动作用）在一定条件下也将引起土体的压密变形。

当地下水被淘空时

在我国，出现地面沉降的城市有95个，最为突出的是以上海为代表的长三角地区，以及以天津为代表的环渤海区和西安等地。地面沉降会导致了地表建筑和地下设施的破坏，加剧了潮灾和涝灾，造成了巨大的经济损失。庆幸的是，人们已经认识到这个问题，目前，压缩地下水开采量、开展地下水人工回灌等一系列政策的出台使我国很多地区的地面沉降现象已经或将得到控制。

小资料

地面沉降会引发哪些次生灾害呢？

地面沉降使区域性地面标高降低，因而会导致一些次生灾害发生。在我国各地区，地面沉降的危害性表现稍有不同。下面举例说明之。

天津市地面沉降引发的次生灾害

①地面标高降低，导致海水上岸，防潮堤必须相应加高。滨海还原潜水位抬高，加重土壤的次生盐渍化、沼泽化；

②海河泄洪能力降低，如遇较大洪水，市区有淹没之险；

③河道纵坡降变形（沉降不均），航运受阻。码头运输产生困难；

④改变了排水管道的原始状态，影响排水，部分地段水管破损，污水溢出，造成地下水水质污染。市区出现雨后积水点44处；

⑤井管普遍相对上升，输水管受影响；

⑥塘沽区地面强烈下沉后，实际高程在1—3米间，将有被海水淹没的危险。

 地面沉降了我们要怎么办？

人类活动可以减缓（或控制）已经发生的地面沉降，这在我国的许多城市中已得到证实。主要表现在以下几个方面：

（1）减少地下水开采量：这是已被我国很多城市的实践所证明了的有效措施。如上海市颁发了《上海市深井暂行管理办法》，明确地规定了各类水井的管理办法，严格的控制了市区的地下水开采量，效果很好。从50年代每天开采30余万立方米，减少到80年代每天开采4万立方米，使地下水位得到回升，地面沉降量由每年22毫米减少到5毫米。这样，地面沉降基本上得到控制。天津市也如此：一方面节约用水；另一方面，逐步减少对地下水的过量开采，使地面沉降得到控制。

（2）调整地下水的开采层次。可将开采上部含水层的层次转向下部含水层。这对地面沉降有一定的缓和作用。

（3）人工回灌地下水含水层。以提高地下水位，达到缓和地面沉降的效果。

由上可见，人类不仅能够认识自然，而且能够改造自然，使之为人类服务。

地球、宇宙与空间科学（地理）

小资料

美宇航局欲用微波开采火星地下水

据美国宇航局太空网报道，"凤凰"号火星登陆器证明火星上有水冰，这一发现或可能暗示这颗红色行星支持生命，至少比较适宜人类存在。为此，美国宇航局科学家正悄悄地为将来从月球或火星上采集水的探索者开发了微波束等技术。

采冰机

哇，以后我们人类是不是可以搬到火星上去了？

没有人曾考虑过火星上会有水冰，但是"凤凰"号在这颗红色行星极地表面挖一些土样后，竟然直接发现了水

听我跟你说吧！

冰。在"凤凰"号的脚下可能有一个结成冰的海洋，但是要对它进行开发，目前的火星任务可能不具备足够的能源。

大部分科学家赞成目前的火星气候仍然太寒冷，不适合液态水存在的观点。一些科学家提出，液态水可能以温泉等形式，在地下的某些地方流淌。该发现意味着人类可前往火星，在上面挖口井。

谁动了固体水库——冰川退缩

居住在我国东部的人，尤其是南方的人，冰雪都见得很少，很难想

象冰川是什么样子，但是冰川与人类是息息相关。我们的母亲河长江和黄河就是发源于冰川的，我国著名的河西走廊的绿洲就是靠祁连山冰川融水哺育的。

你知道吗？万里长江的源头就发源在唐古拉山格拉丹东峰

唐古拉山主峰格拉丹东峰

地球、宇宙与空间科学（地理）

 冰川是怎么形成的？

冰川是水的一种存在形式，是雪经过一系列变化转变而来的。要形成冰川首先要有一定数量的固态降水，其中包括雪、雾、雹等。没有足够的固态降水作"原料"，就等于"无米之炊"，根本形不成冰川。原始形态的结晶雪花，在地面热力和自身压力作用下，重新结晶变成颗粒状的粒雪，继而细粒雪经过合并再结晶逐渐变成中粒、粗粒雪。

这种雪就是冰川的"原料"。变成粒雪后，随着时间的推移，粒雪的硬度和它们之间的紧密度不断增加，大大小小的粒雪相互挤压，紧密地镶嵌在一

冰川冰

冰川上的粒雪盆

起,其间的孔隙不断缩小,以致消失,雪层的亮度和透明度逐渐减弱,一些空气也被封闭在里面,这样就形成了冰川冰。冰川冰最初形成时是乳白色的,经过漫长的岁月,冰川冰变得更加致密坚硬,里面的气泡也逐渐减少,慢慢地变成晶莹透彻,带有蓝色的水晶一样的老冰川冰。冰川冰在重力作用下,沿着山坡慢慢流下(当然流的速度很慢),就形成了冰川。冰川的形成还必须具备一个条件,就是积雪区的高度超过雪线。

冰川融水

雪线是每年降雪刚好当年融化完的海拔高度,又称为固态降水的零平衡线。一个地区如果没有超过雪线,就不可能有冰川。

小资料

　　现代冰川在世界各地几乎所有纬度上都有分布。地球上的冰川,大约有2900多万平方公里,覆盖着大陆11%的面积。冰川冰储水量虽然占地球总水量的2%,储藏着全球淡水量的3/4左右,但可以直接利用的很少。

　　中国冰川的总面积约为5.65万平方千米,占亚洲冰川面积40%以上;总储水量约29640亿立方米,年融水量达504.6亿立方米,多分布于江河源头。冰川像一个固体水库,储存着大量的淡水,冰川融水涓涓细流,汇百川成滔滔江河,奔泻千里构成我国主要的水系,在我国西北地区,绿洲农田大部分依赖发源于高山冰雪带的大小河流,因此,人们常把冰川融水比喻成绿洲的命脉。然而冰川如果全部融化,那么海平面将上升80－90米,地球上所有的沿海平原都将变成汪洋大海。

地球、宇宙与空间科学（地理）

小资料

为什么企鹅不怕冷呢？

南极是世界上最冷的地区，冬季最低气温可以达到－88.3℃。正因为南极的气温低、生活环境恶劣，使得高等生物无法在此生存。在动物界里虽然白熊、海象最耐寒，能忍受北极－80℃的低温，但是在南极却没有发现过。唯独企鹅可以在南极安家。企鹅为什么不怕冷呢？

我怕孤单

因为企鹅的祖先经过千万年历代暴风雪磨炼后，羽毛的尖端变成弯弯的，这种密接的鳞片状结构的"羽被"连海水难以浸透，而且在着层羽毛下面还生有密密的绒毛，尽管是零下近百度的酷寒，也难以攻破它的保温"防线"。

我还是游泳健将

同时它的皮下脂肪特别厚，这对维护体温又提供了保证。

冰川为什么会退缩？

由于全球气候逐渐变暖，世界各地冰川的面积和体积都有明显的减少，有些甚至消失。这种现象在低和中纬度的地方尤其显著。

非洲肯尼亚山冰川失去了92%，

冰川退缩

而西班牙在 1980 年时有 27 条冰川，现在减少至 13 条．欧洲的阿尔卑斯山脉在过去一个世纪已失去了一半的冰川。2003 年入夏以来，席卷欧洲各国的热浪使当地的气温接近或超过了历史最高记录。在瑞士，3900 米高的费尔佩克斯雪山山顶的气温达到了 5 摄氏度，那里冰川的厚度下降到了近 150 年来的最低点。

冰川萎缩的速度确实是相当惊人的。在秘鲁利马地区，近年来冰川正以每年 30 米的速度消融，而在 1990 年以前，消融速度每年只有 3 米。科学家预计，到 2050 年，全球大约 1/4 以上冰川将消失。到 2100 年可能达到 50%，那时，可能只有在阿拉斯加、

雪线逐渐退缩

巴塔哥尼亚高原、喜马拉雅山和中亚山地还会有一些较大的冰川分布区。

 冰川是怎样形成的?

实验材料： 1 个杯子、沙子、小卵石、水、1 块木板、1 块大石头或者其他坚固的支撑物、1 把锤子、1 根粗橡皮筋、1 枚钉子、冰箱

实验步骤：

①在杯子里装大约 2 厘米高度的沙子和卵石，再往杯子里面倒大约占杯子 3/4 体积的水。

②把杯子放进冰箱（如果室外温度在 0℃ 以下的话，也可以把杯子放在室外的花园或者阳台上）。让杯子在那儿待上一夜。

③从冰箱里取出结了冰的杯子，再用沙子、卵石和水装满整个杯子。把杯子重新放进冰箱。

④在木板的一端钉入 1 枚钉子，把木板靠在一个坚固的支撑物上，

形成一个"斜坡"。

⑤从冰箱中取出再次结冰的杯子。把杯子在热水中浸一小会儿，知道里面的冰块，也就是你做的"冰川"部分融化，能够从杯子里面滑出来为止。

⑥把橡皮筋套在"冰川"上，把"冰川"放在木板的上端，用橡皮筋把它固定在铁钉上。

结果你发现：冰块融化，结成一团一团的沙子，卵石和水一起从"斜坡"上滑了下来。某些地方还留有沙子和卵石的痕迹，这也就是所谓的"冰渍"。从这里你也看出"斜坡"上的摩擦力的威力了吧！

冰川融化会带来什么呢？

冰川退缩导致了海平面上升，如果南北极两大冰盖全部融化，其结果会使海平面上升近70米。引起海平面上升，将淹没沿岸大片地区，使得居住在这些地区占世界一半人口的居民不得安宁，所有的沿海地区都将变成汪洋大海。

冰川融化 海平面上升

冰川融化以后…

冰川消融使一些动植物的生活环境被破坏，也给人类生存环境造成威胁。据报道，南极洲的企鹅和海豹也因海冰减少和气温上升而改变了生活习性和繁殖方式；几百年至几万年前埋藏于冰盖中的微生物因冰川消融而暴露出来，它的扩散会对人类健康产生一定的影响。

动手做一做　**冰块融化后杯里的水会溢出来吗？**

家庭小实验

在一个杯子里放一个冰块，然后倒满水。当冰融化的，杯内的水会溢出来吗？

材料：1块冰块、2个杯子、水

操作：

①在托盘上放置一个空杯子，在空杯子放入一块冰。

②往杯中倒满水。

③等待冰块融化。观察融化后，水会不会溢出杯子。

五颜六色话污染——水污染问题

据澳大利亚《世纪报》，到2010年，估计中国将花费1.9万亿元人民币用于治理环境，其中有1万亿元人民币将用在中国的水处理和分配上，因为中国有70%的河流受到了污染，13亿人中有多达3亿人还未饮上干净的饮用水。

水是生命之本，大家都应该珍惜水源，保护环境才对。

地球、宇宙与空间科学（地理）

河流发臭发黑

你见过清澈见底的小溪吗？你见过臭气熏天、像墨一样黑的河流吗？为什么清澈的河水会变黑变臭呢？

河流黑臭同样是人类污染造成的恶果，其罪魁祸首主要是污水排放、垃圾倾倒、城镇填河。

大量污水排放和垃圾倾倒的结果使得河流中的污染物（特别是有机污染物）浓度急剧升高，污染物在生物及化学分解过程中会大量消耗河流中的溶解氧，使得整个河流处于严重的厌氧发酵状态。黑臭河流的"黑"主要与河流中存在大量吸附了黑色金属

我清清白白地来，如今已面目全非

硫化物的悬浮颗粒有关，"臭"则是由于厌氧发酵产生的硫化氢、硫醇、氨和胺等带异味的物质从河流中逸出而造成的。

为什么有时候黑臭河里会冒泡？那是因为河流在厌氧状态下产生另一类发酵产物——沼气，沼气气泡在上升过程中携带底泥上泛，使得河流更

水污染
向江河湖海倒增圾、倒水、洗涤排水、未经净化处理的工业污水

别倒了，我没这么大胃口

加污秽不堪。

50 年代淘米洗菜，

60 年代洗衣灌溉，

70 年代水质变坏，

80 年代鱼虾绝代，

90 年代身心受害。

——河南民谣

脸上全是老人斑了

我们该怎么办呢？

要防治河流发黑发臭根本的措施在于控制污染。这就要求我们彻底杜绝把河流当成排污沟、垃圾场的行为。其次，要帮助河流恢复自净能力，如：生物修复，里应外合才能事半功倍。

好点子

受污染水产品危害大

教你三招辨别放心鱼

观鱼形。污染重的鱼，形态异常，有的头大尾小，脊椎弯曲甚至出现畸形，还有的表皮发黄、尾部发青。然后看鱼眼。受污染的鱼眼混浊，失去了正常的光泽，有的甚至向外鼓出。

看鱼鳃。鳃是鱼的呼吸器官，大量的毒物可能蓄积在这里，有毒鱼的鱼鳃不光滑，较粗糙，呈暗红色；同时还要看鱼的鳞、鳍，鱼鳍正常情况下应该是白色的，被污染的鱼鱼鳞异常，胸鳍、腹鳍不对称。

闻鱼味。正常的鱼有明显的腥味，受污染的鱼则气味异常，由于毒物的不同，气味各异，有大蒜味、氨味、煤油味、火药味等，含酚量高的鳃甚至可以被点燃。

春来江水绿如蓝——富营养化

白居易的"春来江水绿如蓝"，几百年来一直脍炙人口。从科学原理上解释，这原本是春天两岸碧绿的杨柳在水体中形成的美丽景色。但在人类社会物质文明高度发展的今天，它却成了地表水体环境污染的代名词。

河边洗衣妇女

在农村，青年妇女在河边用棒锤在石头上锤洗衣服的田园风光堪称一道风景。但万万没有想到，洗衣粉和洗衣剂会给河流带来麻烦和灾难。洗衣剂中含有的磷等有机物会使河水发生富营养化污染。

一片绿油油

20世纪60年代开始，随着工业的发展与膨胀，许多河流出现了富营养化加速过程。人类活动向水域排放许多过剩的营养物，主要是城市废水，农业废水和城市径流排水，含有大量的硝酸盐和磷酸盐，进入水域，加速了地表水域的富营养化。

富营养化是怎么产生的呢？

我们从食物链上来理解。水体中，正常的食物链是：绿藻吸收水中的氮和磷，浮游生物再吃绿藻，小鱼食浮游生物，大鱼吃小鱼，维持了水体的勃勃生机。而当水中氮磷过剩时，生成大量蓝藻——绿藻，一部分蓝藻——绿藻被浮游生物吃掉，再供养淡水鱼；另一部分兰藻——绿藻则漂浮在水上层，水藻成团后，消耗大量的氧。鱼类因缺氧窒息；水中有机物在厌氧条件下经光照降解放出硫化氢和

鱼儿"死不瞑目"

氨等恶臭气体，水域变臭；其它生命也因缺氧而停止活动。最后产生三种后果，即水呈碗豆绿色，水中溶解氧明显降低，水体腐败恶臭。

大地明珠失去光彩——湖泊污染

湖泊出现富营养化现象

被垃圾污染的湖泊

在所有的自然生态系统中，湖泊是最脆弱和最难恢复的系统之一。目前，世界上一半以上的湖泊和水库的水质因受到污染而不断恶化，世界上有世界人口的不断增加使饮用水和灌溉用水不断增加，导致了湖泊面积快速缩小，而生活污水和工业污水又污染了湖泊，10 亿依靠其附近

的湖泊饮水、打鱼、灌溉、运输或开发旅游业为生的人，由于这些湖泊受到污染和面积日益缩小，他们的生活和健康亦深受其害。对我国500个湖泊的调查结果显示，受污染的占23%，不仅淤积、造田等活动使我国湖泊数量下降、容量减少，而且近乎所有的湖泊都出现了富营养化现象。

地球、宇宙与空间科学（地理）

小资料

黄河断流了，这是错觉吗?

这不是一种错觉。相信很多人，特别是生活在北方的人们，都有一个共同的感受：这些年江河湖泊里的水越来越少，也越来越脏了。有关统计显示，近20年来，我国黄河、淮河、海河、辽河4个流域水资源数量减小的幅度均超过了10%，其中海河流域水资源量减幅达25%。与此同时，全国用水量却在持续增长。如果说水少还可部分归因子"天灾"的话，那么水污染则几乎可以完全归结为"人祸"。对水短缺和水污染的双重压力，中国江河早已不堪重负。全国已有包括黄河、辽河等大江大河在内的90多条河流发生过断流。江河污染了，饮用水还会安全吗?

黄河之水天上来

断流的黄河

 埋在地下的水还会被污染吗?

与地表水一样，地下水也受到污染的威胁。地下水的污染主要来自于地表或土壤水的下渗。目前全国三分之二城市地下水水质普遍下降，300多个城市由于地下水污染造成供水紧张。据统计，因天然水质不良导致氟中毒的人有2297.78万，碘缺乏病、克山病567.5万人，患大骨节病102.5万人，全国饮用不符合标准的地

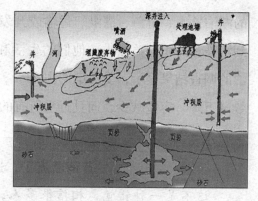

地下水污染

下水的人数达数千万之多。现代医学发现人的疾病80%与水有关，垃圾、污水、农药类、石油类等废弃物中的难降解有毒物，很容易通过地下水直接进入食物链系统，当食物链上被污染的动植物食品或地下水直接进入人体后，就可能使人体罹患癌症等一系列疾病。

小实验

水样采集（浮游植物研究基础方法）

①采集工具：采集浮游植物的工具有浮游植物采集网和采水器。

②采水量：可采1000毫升，如用表底层混合水样，则分别在表、底层各采500毫升，加以混合。

③采样点设置和采样频率：应根据水体的面积、形态特征、工作的条件和要求、浮游植物的生态分布特点等设置采样点和确定采样频率。在水体的中心区、主要进出水口附近必须有代表性的采样点。

④采样层次：视水深浅而定，如水深在3米以内、水团混合良好的水体，可只采表层（0.5米）1个水样；水深3－10米的水体，应至少分别取表层（0.5米）和底层（离

采样器

底 0. 5 米) 两个水样; 水深大于 10 米的深水湖泊和水库, 更应增加层次, 在上层 (有光层) 或温跃层以上的应层次较密, 可每隔 1 米采样 1 个, 在下层 (缺光层) 或温跃层以下, 可隔 2 - 5 米或更大距离采样 1 个。为了减少工作量, 也可采取分层采样, 各层等量混合成 1 个水样的方法。

地球喊"渴"了——全球水危机

蓝色"水球"

把地球上的水比作一杯水的话, 那么陆地上的淡水就相当于一匙水, 而我们目前比较容易利用的水就好比一滴水

从太空遥望, 地球被水环抱着, 我们的地球是一个蓝色水球。但人类能够利用的淡水资源非常有限, 有一个形象的比喻, 在地球的大水缸里, 我们可以用的水只有一汤勺。

人口的增长, 工农业的快速发展, 使得人类对水的需求逐年增加。水资源面临着前所未有的危机。

现在科学界有一个广泛的共识: 水将成为 21 世纪的"石油", 但和石油不同的是, 没有水, 人类就无法生存。

地球、宇宙与空间科学 (地理)

根据国际水资源管理学会的研究，2025 年世界总人口的 1/4 或发展中国家人口的 1/3，近 14 亿人将严重缺水。特别是在非洲、亚洲的中部和南部、中东等地区水资源处于供不应求的状态。目前非洲有三分之一的人口缺乏饮用水，而有近半数的非洲人因饮用不洁净水而染病。如果目前缺乏饮用水的状况得不到改善，那么到 2010 年至少有 17 个非洲国家将严重

渴不择水

缺水，而水资源问题也很可能会成为一些非洲国家之间发生纷争或冲突的导火索。

缺水造成了粮食产量降低，由于没有足够的水从土中冲走盐分，农民失去了赖以生存的土地而贫困。在亚洲，贫困线以下的人们用收入的 60% 购买粮食。

缺水导致水质下降，环境污染，生态系统日趋恶化。在世界一些区域，干旱、洪水、荒漠化、海水上涨成为人类生存的最大威胁。许多人，特别是发展中国家的大多数穷人被迫饮用完全不宜饮用的水。由于没有水或者用受污染的水洗澡，患上了皮肤病和其他由不卫生引起的疾病。

家用水驮回家

缺水使得贫水国家的工业发展受到限制，居民生活受到影响，人们不得不每天拿着水罐到几公里外去提水来供家用，如果任其发展下去，水问题会导致环境难民增加，今后会有越来越多的人走上逐水而居、背井离乡之路。

名人名言

世界最大的水危机其实不是水资源的危机，而是水管理和水利用的危机，我们必须更加高效、可持续地使用现有水资源。

——吉尔·博格坎普

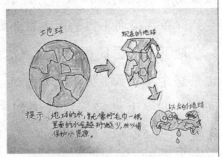

天灾不可控，人祸也不可防吗？

而水污染带来的水质型缺水使得水资源危机雪上加霜。世界水论坛提供的联合国水资源世界评估报告显示，全世界每天约有200吨垃圾倒进河流、湖泊和小溪，每升废水会污染8升淡水；所有流经亚洲城市的河流均被污染；美国40%的水资源流域被加工食品废料、金属、肥料和杀虫剂污染；欧洲55条河流中仅有5条水质差强人意。目前世界上有近40%的人口难以喝上洁净水。由于在水资源保护方面投入不足，印度每天有200多万吨工业废水直接排入河流、湖泊及地下，造成地下水大面积污染，所含各项化

河流不是"垃圾填埋场"

工厂排污

学物质指标严重超标，其中，铅含量比废水处理较好的工业化国家高20倍。此外，未经处理的生活用水的直接排放也加剧了水污染程度。日益严重的环境污染导致许多城市和地区的河流、沟渠、水库、湖泊被严重污染，出现住在水边没水喝的尴尬局面。被污染的饮用水进入人体，直

地球、宇宙与空间科学（地理）

接威胁着居民的身体健康，地表水因受到严重污染而不再适用于农业灌溉。

地下水问题日益严重 地下水问题也是整个水资源管理领域中最严重的问题。世界上许多人口大国如中国、印度、巴基斯坦、墨西哥，以及所有的中东和北非国家，在过去的约30年

鱼塘变"窟窿"

间超采地下水资源，导致地下水逐渐枯竭。现在，对于这种宝贵资源的管理不当，即将遭到惩罚。

小资料

目前全球用水短缺：12亿人；

缺乏卫生用水设施：30亿人；

每年死于和水有关的疾病：300万到400万人；

全世界每天约有200吨垃圾倒进河流、湖泊和小溪；

每升废水会污染8升淡水；

预计到2025年，水危机将蔓延到48个国家，约35亿人为水所困；

地球已经"撕心裂肺"

在经济高速发展的同时，我们人类只是顾着眼前的经济利益而没有考虑长远，患了短视病，但却带来不可忽视的重大后果。长此以往，我们该怎么办？

讨论

水资源可以永续利用，并且是"取之不尽，用之不竭"的吗？

探索

调查家乡的河流

调查的主要内容也可以由你自己设计哦！

调查方式主要有实地勘查、走访有关部门、查阅有关资料、登录相关网站。

你可从以下几方面进行调查：

①河流的基本概况，包括源地、流向、长度、注入的海洋（湖泊）或消失在什么地方、流经的地形区、流域范围、流域内气候和植被的基本状况。

②河流的补给类型（水源）、汛期长短、水位变化大小及原因、流量和水位变化造成的灾害。

③河流水质状况，即含沙量大小、污染情况及沿岸居民使用河水的情况。

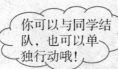

你可以与同学结队，也可以单独行动哦！

④河流的开发利用状况，即灌溉、航运、养殖、发电等方面的效益如何。

注意事项：

①调查之前，集思广益，列出一张调查访问的清单或表格。

②去河流实地勘查应注意安全，避免掉进河里。

地球、宇宙与空间科学（地理）

 ## 水是生命之液

在地球上，哪里有水，哪里就有生命。一切生物与非生物都含有水，没有水便没有生命。水是人体不可缺少的组成部分，人的身体 70% 由水组成，其中，脑髓含水 75%，血液含水 83%，肌肉含水 76%，连坚硬的骨骼里也含水 22%！哺乳动物含水 60% ~ 70%，植物含水 75 ~ 90%。按生物专家推算，栖居在地球上的全部动植物和 60 亿人口含有水分约为 11000 亿吨。

人的身体 70% 由水组成

植物枯萎

如果没有水，人就不能存活，如果没有水，食物中的养料不能被吸收，废物不能排出体外，药物不能到达起作用的部位。人体一旦缺水，后果是很严重的。缺水 1% – 2%，感到渴；缺水 5%，口干舌燥，皮肤起皱，意识不清，甚至幻视；缺水 15%，往往甚于饥饿；一旦机体失去 20% 的水分，就无法维持生命。

小实验

会变色的花

准备好： 白色花朵、剪刀、红墨水、蓝墨水、杯子、水

开始实验：

① 将花朵的茎剪开

② 两个杯子各装进一些水，分别滴进红墨水和蓝墨水

③ 将花朵剪开的茎分别插进不同的杯子里

④ 经过一天以后，看看都有什么变化？

如果没有水，植物就会死亡。水替植物输送养分；水使植物枝叶保持婀娜多姿的形态；水参加光合作用，制造有机物；水的蒸发，使植物保持稳定的温度不致被太阳灼伤。植物不仅满身是水，作物一生都在消耗水。1公斤玉米，是用 368 公斤水浇灌出来的；同样的，小麦是 513 公斤水，棉花是 648 公斤水，水稻竟高达 1000 公斤水。一籽下地，万粒归仓，农业的大丰收，水立下了不小的功劳哩！

适度饮水，头发好好

博士，水是不是喝得越多越好啊？

人离不开水，但过量饮水也会引起中毒哦！

地球、宇宙与空间科学（地理）

常说夏天要多喝水，可是喝水过量还会引起水中毒！过量饮水会导致人体盐分过度流失，一些水分会被吸收到组织细胞内，使细胞水肿。开始会出现头昏眼花、虚弱无力、心跳加快等症状，严重时甚至会出现痉挛、意识障碍和昏迷，即水中毒。

所以，要避免水中毒，必须掌握好喝水的技巧。一要及时补充盐分，适当地喝一些淡盐水，以补充人体大量排出的汗液带走的无机盐。在500毫升饮用水里加上1克盐，适时饮用。二要喝水少量多次。每次以100毫升至150毫升为宜，以利于人体吸收。三要避免喝"冰"水。喝下大量冷饮容易引起消化系统疾病，最好不要喝5摄氏度以下的饮品。

植物喝水也要适度，但是不同的植物浇水方法不同。盆栽花卉浇水，多数要

见干：指盆土表面发白发硬时才须浇水；
见湿：指浇水的量，达到盆底孔略有水渗出即可。

避开当头淋浇。大岩桐、非洲紫罗兰、等花叶被淋水后，会引起花、叶的腐烂。而凤梨类花卉，要求当头浇水，使叶筒贮存蓄水，以满足生长需要。兰花、竹芋类的花卉除适当浇水外，要求喷水，以提高栽培环境的空气湿度。虎尾兰、芦荟、景天等多肉植物，与仙人掌类植物为旱生类花卉，浇水要掌握"宁干勿湿"。龟背竹、春羽、马蹄莲等天南星科植物与蕨类植物，旱伞草等属于湿生类花卉，浇水应掌握"宁湿不干"，但也不要积水。其他如文竹、铁树、秋海棠等大多数植物，属于中生型花卉，土壤水份过干或过湿都有不良反应，浇水可掌握"见干见湿"的原则。

冰川地区有生命存在吗?

冰的形成,特别是生物体内水的冻结,是对生命的莫大威胁。但是生物界在冰冻威胁面前,并不是无能为力的,好多生物都找到了与冰作斗争的方法。草木越冬,枝枯叶萎,而幼芽根茎却仍保存完好;长青的松柏,甚至枝不枯,叶不萎,面对严寒冰冻,昂首屹立。很多昆虫和动物,都有冬眠的本领。

北极熊

地球、宇宙与空间科学（地理）

在南北极有一批生物在活跃着,如企鹅、北极熊等。同样在山岳冰川上也有各种各样的生物。攀登珠穆朗玛峰的登山运动员,有一次就在6000多米雪线以上的地方和一只凶猛的雪豹狭路相逢。

雪鸡也是冰川区特有的珍贵禽鸟,

雪鸡

在我国许多冰川附近都有。雪鸡不善飞,但它的生活高度很惊人,在珠穆朗玛峰北坡,6000米高度上还能见到它们。雪鸡常栖息在冰川边缘的冰碛上,食蝴蝶之类的昆虫和雪莲等植物为生。

雪莲是冰川雪线附近的大型植物之一。天山、祁连山、唐古拉山和昆仑山,都有它们生长。特别是天山雪

雪莲

莲，幼株遍身披毛，夏天盛开时花大如碗，是一种很好的药用植物。在珠穆朗玛峰地区 5600 米以上的地方，凤毛菊、垫状蚤缀、高山毛茛和龙胆等生长很好。各种鲜艳颜色的地衣苔藓在裸露的岩石和冰碛上更是斑斑点点，繁若星辰。

灵芝

 ## 生活中离不开水

对人来说，光有饮用水是远远不够的。人类生活的方方面面都要用到水，清洁、洗浴、烹饪以及供暖系统等都需要水。然而在日常生活中，水浪费现象却比比皆是，比如，刷牙时不关水龙头；洗澡涂肥皂时不关水龙头；用过量水洗车，洗车水未循环利用；洗菜时用"自来水冲洗法"；自

来水管发生漏水或爆管未及时得到修理；公共场所任水龙头长流不息等等。

面对这种水资源浪费的现象，我们要从自己做起，从点滴做起，节约水资源，保护地球。

小资料

世界水日的由来

"世界水日"是人类在 20 世纪末确定的又一个节日。为满足人们日常生活、商业和农业对水资源的需求，联合国长期以来致力于解决

因水资源需求上升而引起的全球性水危机。1977 年召开的"联合国水事会议",向全世界发出严正警告:水不久将成为一个深刻的社会危机,继石油危机之后的下一个危机便是水。1993 年 1 月 18 日,第四十七届联合国大会作出决议,确定每年的 3 月 22 日为"世界水日"。

地球、宇宙与空间科学（地理）

不要让倒影成为回忆

城市越来越美了,水却越来越脏了;

我们楼房越盖越高了,地下水却越来越深了;

我们的收入越来越多了,不源却越来越少了;

我们已经有四分之三的水严重污染了;

我们…

我们的地球不能再等了!

生活中有哪些
节水措施呢?

生活节水知多少

据分析，只要改掉不良的用水习惯，采用先进的生活节水器具，做到一水多用，家庭用水就能节省70%。

用淋浴洗澡，搓洗时及时把水关掉。

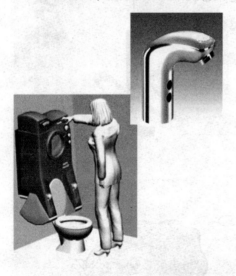

使用新技术节水又省力（上图为感应型水龙头；左图为马桶洗衣机，即上面是洗衣机，下面是马桶，洗衣污水可以冲洗马桶）

节水喷雾水枪洗车

农业生产离不开水

农业是水资源的用水大户，农业用水占全国用水量的68%，但也是水资源的浪费大户。在我国，"土渠输水、大水漫灌"的农业灌溉方式目前仍在普遍沿用，灌溉用水一半在输水过程中就渗漏损失了，灌溉用水的利用系数大多只有40%，不足发达国家的一半水平。每立方米水的粮食生产能力只有0.87公斤左右，远低于2公斤以上的世界平均水平。

一边在缺水一边在浪费

地球、宇宙与空间科学（地理）

专家们预测，到2030年我国总用水量将达到8000亿立方米，农业用水比重将从目前的72%下降到52%，灌溉用水总量只能减少不能增加。因此，旱区农业生产的根本出路在于加快发展机械化旱作节水农业，提高水资源的利用率。

农业节水知多少

多用农家肥

合理灌溉（右为喷灌和滴灌）

改良土壤结构

1900年全世界工业用水量为300亿立方米，占当今世界总用水量的7.5%；到了1975年，全世界工业用水量达到6330亿立方米，占该年总用水量的22.2%，足足增长了20倍。

我国水资源缺失和水污染严重已变得越来越严重，而所有问题中，工业用水过度和污染严重最为突出。

水是工业血液

水是生命之源，农业是孕育生命的事业，而大多工业生产的是没有生命的产品，为什么工业也离不开水呢？

现代工业中，世界上几乎没有一种工业不用水，利用水的不同特性，水在工业部门中扮演不同的"角色"。更多的工业是利用水来冷却设备或产

循环冷却水处理系统

品，例如钢铁厂等。这种水我们叫做冷却水，冷却水可以为生产设备带走多余热量的水，几乎占所有工业用水的70%。

水还常常用来作为洗涤剂，如漂洗原料或产品，清洗设备或地面。

水可以作为工业的动力，例如可以用来作为锅炉用水，用之前一般

要进行预处理，这是因为如果水质较硬（即水中含钙、镁盐类物较多），那么就会在锅炉内部结成水垢，由于水垢的传热系数比钢铁小很多，因此锅炉结垢一方面将增加燃料的消耗，另一方面引起炉管过热，从而产生爆炸危险。

用水清洗设备　　　　　　　　　　　　　　锅炉用水

水还可以直接作为产品用水，它除直接进入产品外，其余部分将变成含有杂质的工业废水，如造纸废水等。

在工业方面，我国水重复利用和再生利用的程度还不太高，用水工艺落后，用水效率低下。但是目前水资源缺失和水污染的所有问题中，以工业用水过度和污染最为突出，工业排放的废水量约占废水排放总量的49%，加强工业节水不仅可以缓解水资源供需矛盾，还可减少废水排放，改善水环境，"节流减污"是工业企业污染防治的一项重要措施。

工业冷却塔　　　　　　　　　　　　　　　污水处理

工业节水

工业减排是根本　污水净化，一水多用　合理利用冷却水

 ### 水上交通离不开水

人类很早就发现水具有浮力，于是船应运而生，水运自古以来就是重要的交通、运输方式，水把陆地无情地分隔开来，船却把世界紧密地联系起来。从郑和下西洋、发现美洲新大陆到中国的大运河漕运，都是闻名于世的航运事件。一幅清明上河图，反映了当年的航运是多么的繁忙和发达。

帆船

水路运输比公路和铁路运输便宜，运输量大，平稳，还是不会被炸断的运输线。何况有地方根本修不了路只能靠水运。所以，在运输业中，水运的客运量和货运量都占有很大的比重。水运的发展，繁荣了经济，还使上海、天津、香港、纽约、鹿特丹等港口成了世界级的大城市。

小资料

羊皮筏子俗称"排子"，由十几个气鼓鼓的山羊皮"浑脱"（囫囵脱下的羊皮经浸水、暴晒、去皮、扎口、灌入食盐和香油等一系列的炮制工序制成），并排捆扎在细木架上制成。羊皮筏子体积小而轻，吃水浅，十分适宜在黄河航行，而且所有的部件都能拆开之后携带。

你知道他们坐的是什么吗？走近来看一下！这叫羊皮筏子！

兰州羊皮筏子分大、小两种。最大的皮筏用 600 多个羊皮袋扎成，载重量在 20 至 30 吨之间。这种皮筏一般用于长途水运。小皮筏系用 10 多个羊皮袋扎成，适于短途运输，主要用于由郊区往市区运送瓜果蔬菜，渡送两岸行人等。

独木舟　　航母

邮轮

 关注点点滴滴——保护水资源

　　水是一种资源，取之于自然，用之于社会。过去由于人类活动的规模小，因而水资源相对较丰富，使人们认为水是取之不尽，用之不竭的。

在地球上，水滋润了大地，养育了所有的动植物。人类的生活和生产更是离不开水，所以应珍惜这一宝贵的财富，保护好水资源。

随着经济的发展，人类活动规模的不断扩大，水资源短缺与需求日益增长之间的矛盾日趋突出，如水危机、地面沉降、土地盐碱化、水质恶化、水土流失严重、物种减少、旱涝灾害增多等等。现在，人们发现对水资源无偿采取，用之弃之，是对资源的一种浪费。"历览前贤国与家，成由勤俭败由奢。"人人都应爱护水，节约用水，反对污染水，浪费水，让我们每一个人从我做起，从现在做起，珍惜每一滴水，节约每一滴水，让我们的家园永远有碧水蓝天！

万物之所以繁衍生息，充满生机与活力，靠的是水的滋养哺育。

◆ 为河流"动刀"

小资料

莱茵河污染事件

1984 年 11 月 1 日深夜，瑞士巴富尔市桑多斯化学公司仓库起火，装有 1250 吨剧毒农药的钢罐爆炸，硫、磷、汞等毒物随着百余吨灭火剂进入下水道，排入莱茵河。顺流而下的 150 公里内，60 多万条鱼被毒死，500 公里以内河岸两侧的井水不能饮用，靠近河边的自来水厂关闭，啤酒厂停产，全国与莱茵河相通的河闸全部关闭。翌日，化工厂有毒物质继续流入莱茵河，后来用塑料塞堵下水道。8 天后，塞子在水的压力下脱落，几十吨含有汞的物质流入莱茵河，造成又一次污染。

地球、宇宙与空间科学（地理）

11月21日，德国巴登市的苯胺和苏打化学公司冷却系统故障，又使2吨农药流入莱茵河，使河水含毒量超标准200倍。这次污染使莱茵河的生态受到了毁灭性地破坏。

他山之石，可以攻玉。我们一起来看看曾经一度被称为"欧洲最最浪漫的臭水沟"——莱茵河的治理经验吧。

二十多年前的"莱茵河污染事件"，给莱茵河带来了巨大的生态灾难。痛定思痛，为了河流的健康，此前成立的"保护莱茵河国际委员会"决定"动刀了"。

"动刀"就是动真格。怎么动呢？以前为了贪图一时之利，建设了为航行、灌溉及防洪的各类不合理工程，被拆除了，两岸水泥护坡重新以草木替代；部分"裁弯取直"的人工河段，也经过"动刀"，恢复了自然河道。与此同时，各国全面"动刀"，控制生产与生活污染物排入莱茵河，

如今的莱茵河美丽动人

对工业生产中危及水质的有害物质坚持进行处理，并减少河流淤泥的污染……

如今莱茵河的河水好得令人惊讶。今天的莱茵河，成了世界上管理得最好的一条河。

◆ 让湖泊"休息"

在所有的自然生态系统中，湖泊作为相对静态的水体，水交换周期长、自净能力相对较弱，是最脆弱和最难恢复的系统之一。让湖泊"休息"，就是不要去打扰它，而人类对湖泊的最大"打扰"就是化工厂之类直接排放污染物。让湖泊"休息"，才能使其避免操劳过度，"未老先

衰"。湖泊是会"老"的，湖水富营养化之后出现的水华蓝藻就是湖泊的"老人斑"。我国大量湖泊都已年纪轻轻就进入了衰老期，太湖就是典型，如今的太湖已经成了一盆污浊的掺了绿油漆的"洗脚水"。

绿油油的太湖

让湖泊"休养"，才能让湖泊"生息"，充满勃勃生气。但仅仅就湖泊说湖泊是不够的。河湖连通是有生命的，治理湖泊的同时控制源头，截污使治污事半功倍。

地球、宇宙与空间科学（地理）

◆替地下水"拦网"

当你早上一打开水龙头，流出来的水像橘子汁一样，你会作何感想？太湖蓝藻暴发被迫停水时，那水龙头里流出来的水就像橘子汁，而且臭味难闻。

在欧洲发达国家，自来水都严格执行饮用水标准，自来水里流出来的，就是"娃哈哈"和"农夫山泉"，人们口渴时喝的就是自来水。不光自来水，哥本哈根市内所有露天运河里的水，都是可以喝的。因为地下水是欧洲2/3饮用水的来源，所以欧洲环境署特别重视地下水的保护，作了持久的努力。地下水一旦受到污染，比地表水和江河湖泊的水更难自净，需要花费数十年甚至数个世纪才能修复。所以，关键的是必须替地下水"拦网"，防止化学品等污染物渗透流入地下水；同时还要保持地下水位在一定的水平，不能盲目过量地开采。

◆"工业减排"是关键

工业减排换个角度讲，就是提高工业用水重复利用率。在我国大部分工业企业还不完全具备清洁生产条件的情况下，为了节约生产用水，尽量提高生产用水系统的用水效率。提高用水效率需要改变生产用水方式，如改直流用水为循环用水，增强水循环回用程度即重复利用程度。当然，如果能使工业用水的重复利用率达到较理想的水平，其经济效益和社会效益是十分可观的。例如在缺水城市厦门，实现工业污水"零排放"的企业有十几家，其他大多数企业也都能进行较高程度的水重复利用。因为水重复利用不仅没有增加企业的经济负担，反而带来了直接的效益，而且节水减污效益十分显著，对于保护当地水资源和水环境产生的积极影响是不可估量的。

◆ 开源与节流并举

解决水危机，既要节约，又要开源。污水回用、中水回用、海水淡化都是解决水资源缺口的有效途径：我国每年污水排放总量 620 亿吨，每年工业用水量为 3600 亿吨，其中 90% 是可以处理成优质新水的，而对于海岸线很长、沿海经济又发达的我国来说，海水淡化的生产能力存在巨大的潜力。因此，应该尽可能地鼓励使用第二水源，沿海和近海地区的城市和工业，以直接利用海水和海水淡化为主，西北地区应以苦咸水淡化为主，内陆地区的城市和企业，使用城市生活污水和工业污水处理后的再生水以缓解水资源的减少和污染。

知识链接

中水是指生活污水经过处理后，达到规定的水质标准，可在一定范围内重复使用的非饮用水。中水回用就是指将包括粪便污水在内的各种生活污水进行收集并进行处理后直接回用，可用于绿化灌溉、拖地、冲厕所、洗车等。

那我们该怎样节约用水？很简单，在日常生活中养成良好的节水习惯，在不经意中你就节约了很多水。人们在日常生活中创造了很多有效的方法，如洗衣水、淋浴水用来冲厕所，养鱼水可以浇花，淘米水可以

地球、宇宙与空间科学（地理）

来洗碗，残茶水可以来擦家具，使用节水龙头，洗菜应先捡后洗等。在农业生产中，把推广节水灌溉作为一项革命性的措施，积极发展以渠道防渗衬砌、大田喷灌、蔬菜滴灌、果树微灌为主的节水灌溉技术。据统计，农业灌溉水利用率每提高1个百分点，每亩农田就可节水3千克。在工业生产中，通过推广应用节水新技术、新设备、新工艺，提高

节约每一滴水

科技含量，中水回用，节水制度落实等，大幅度提高水的重复利用率。

算一算

一个水龙头处于滴漏状态，一分钟按5秒滴一滴水，可浪费5克水，那么一天浪费多少水？一年浪费多少水？

两个水龙头处于滴漏状态呢？

N个水龙头处于滴漏状态呢？

人类生存的基石——土地资源

我们脚下的土地，是赤县神州的肌肤，

是大自然风化的成果，是时间耐心的产物，

是世世代代先民垦殖的结晶，是孕育百谷花草的胚基，

是万类生灵踊跃的依托，是子孙后代可持续发展的根基。

成长的季节，肥沃的土地

什么叫土地资源

　　土地资源有狭义和广义之分。狭义的土地资源指在一定的技术经济条件下，能直接为人类生产和生活所利用，并能产生效益的土地。广义的土地资源观点认为：当今世界上的各类土地（包括南极、高山等这些人们涉足较少地区的土地）对人类社会经济的发展都有一定的社会效益、经济效益和环境效益，因此均在土地资源之列。

　　土地是地球陆地的表面部分，包括耕地、森林、草原、沙漠等，还包括交通用地、建筑用地、渔业用地等。

认识我们的生命线——耕地

背景资料

民以食为天，粮以土为本。土地是人类赖以生存和发展的基础，耕地是保障粮食生产能力的根本。离开了耕地，就谈不上民族的生存和经济社会的可持续发展。耕地资源是无法通过贸易途径获得弥补的战略性资源，国务院总理温家宝在十届全国人大五次会议上所做的政府工作报告中强调，在土地问题上，绝不能犯不可改正的历史性错误，遗祸子孙后代。一定要守住全国耕地不少于 18 亿亩这条红线，坚决实行最严格的土地管理制度。

耕地是种植各种农作物的土地，它是人类所需食物的主要源泉，是农业生产的重要物质基础。

耕地根据水利条件，可分为水田和旱地。水田按水源情况分为灌溉水田和望天田，旱地又分为水浇地和无水浇条件的旱地。

水田

旱作玉米

水田指筑有田埂，可以经蓄水，用来种植水稻、莲藕、席草等水生物作的耕地，因天旱暂时没有蓄水而改种旱地作物的，或实行水稻和旱地作物轮种的（如水稻和小麦、油菜、蚕豆等轮种），仍计为水田。

我国季风区为什么南方种水稻北方种小麦？

旱地，指无灌溉设施，靠天然降水种植旱作物的耕地，包括没有灌溉设施，仅靠引洪淤灌的耕地。

— 水稻主要分布区

|||| 小麦主要分布区

金灿灿的麦田

绿油油的水稻田

"南稻北麦"农业区位的形成是由我国的地理条件决定的。我国南方地区春有春雨，初夏有梅雨，雨量十分丰沛，因而历史上广泛种植需水的水稻。北方春季"十年九春旱"，真正的雨季要到7月才开始。可是雨季后的秋冬季节土壤尚湿润，因而历史上广植秋种而春末夏初收割的冬小麦。这样，历史上我国便形成了"南稻北麦"的作物分布大格局。这条南北分界线，大体上就是秦岭和淮河，它也是我国习惯上的南北方分界线。

广闻博见

秦岭把中国一分为二

秦岭—淮河是中国的南北分界线，这是秦岭与中国其他山脉的最大不同。

秦岭南北坡的自然景观差异明显。秦岭南坡山麓所处的山地垂直自然带的基带是亚热带常绿阔叶林带，那里由于雨水丰沛，热量较充足，树木的种类是常绿和阔叶的，因此那里的山上常年都是绿油油的；而北坡的山脚所处的山地垂直自然带的基带是暖温带落叶阔叶林带，这里的树木秋天是要落叶的。

秦岭南北的人文景观亦各具特色。比如"南稻北麦"、"南船北马"等语言、饮食、民居、生活风俗等方面的差异，这种文化的差异是以秦岭的主脊线作为分界线的，因为秦岭的主脊线是古时候交通的最大屏障，所谓"蜀道难，难于上青天"是也，因此造成了主脊线两边判然有别的文化。

嗯，我们是以大米、小麦为主食的，世界上其他国家的人都以什么为主食呢？

对西方人来讲主要是面包。早餐一般是烤面包配黄油或奶酪，也可以是果子酱或可可酱，加腌制过的薄肉片，饮料是牛奶或果汁。工作午餐一般就是个汉堡配些咖啡，而汉堡的主料也属于我们概念里的面包，晚餐往往是他们的正餐，属于全家共享的时光，这时他们用切成块状的面包或面包干就肉汁或浓汤，配些沙拉菜，也经常不吃我们概念里的主食，而用大块的煎肉代替主食了，配红酒（如果是海鲜则配白葡萄酒）和沙拉菜，饭前喝些开胃汤，饭后有甜点，这样就算是比较正式了。因此把面包看做是他们的主食是顺理成章的。

另外，他们有时吃意大利面，这时面条就是主食，如果吃比萨饼，那饼就是主食。因此我们可以说，西方人的主食主要是面粉制品。

对于亚洲的其他国家来讲，主食和中国区别不大。

真是色香味俱全了！

 谁动了生存的基石——保护耕地

背景资料

世界上现有耕地 13.7 亿 hm2，但每年损失 500 万 - 700 万 hm2。在许多发展中国家，人口众多且增长迅速，而可供开垦的土地资源已十分有限，人与土地资源的矛盾日益突出。联合国环境规划署（UNEP）主持的一份新的研究报告中指出，过去的 45 年中，由于农业活动、砍伐森林、过度放牧而造成中度和极度退化的土地达 12 亿 hm2，约占地球上有植被地表面积的 11%。

几年前布朗发表谁来《谁来养活中国》，说中国人口众多，还在继续增长，但耕地资源有限，而且被高速增长的工业化和城市化不断占用，于是粮食安全会成问题。当时我们回答说我们能自己养活自己话虽这样说，但明白人都知道他提出的问题并非空穴来风。"天下什么问题最大？吃饭问题最大"，中国历朝都不敢掉以轻心。别看现在国家粮库满满当当，但进入市场经济的老百姓已基本上抛弃了米缸粮屯，历来以"藏粮于民"防不测的中国，现在已基本依靠国家粮库。一波又一波的开发区热、房地产热占用了多少耕地？种地不挣钱使多少土地抛荒？这已是尽人皆知的事了。对于人多地少的中国，粮食安全问题就像一把剑，随时高悬在我们头上。

耕地上建起了别墅

住宅和工业用地遍地开花

城市不断地向外延伸，耕地都在消失；农民到城里打工赚了钱，但不能留在城市，回到家乡盖起了高楼大院；农村的耕地因无人耕种而变成了荒地；为了发家致富大量的耕地变成了葡萄园、甘草地，种起了苹果、黄桃、鸭梨，养起了鸡鸭鱼猪；乡镇企业蓬勃发展，就地城市化必然地导致就地工业化……50年代中国耕地

谁蚕食了中国的耕地

16亿亩，人均2.7亩；90年代20亿亩，人均1.6亩；2006年中国耕地面积18.27亿亩，人均耕地只有1.39亩。我们的耕地面积在逐年减少。

问题的严重性还在于，中国正处在经济高速发展、城市化和工业化突飞猛进的时期，非农用地的需求不可

荒地

避免将进一步增长。于是，我们面临以有限的适宜土地（主要是耕地）既要保证"吃饭"又要保证"建设"的两难局面，而且生态退耕将进一步加剧这种冲突。

知识一点通

生态退耕包括退耕还林、退耕还草、退耕还湖，是指在水土流失严重或粮食产量低而不稳定的坡耕地和沙化耕地，以及生态地位重要的耕地，退出粮食生产，植树或种草。

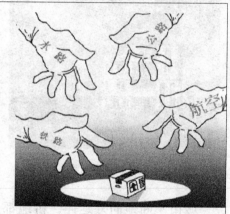

各路"诸侯"显身手

嗯……那我们要怎么保护耕地呢？

耕地面积减少，粮食播种面积必将减少，粮食总产量就会减少，人均粮食占有量必然减少。保护耕地，首先要使用法律来遏制乱占用耕地的现象；加大复垦力度，增加耕地资源；加大投入，提高耕地质量。

别再让耕地被蚕食

耕地复垦

地球、宇宙与空间科学（地理）

广闻博见

不可耕地

很多土地由于各种原因如太冷、太热、太干旱、太多雨雪、多岩石、过于崎岖、盐碱、污染或者少养分而不能耕作。过多的积云可能造成庄稼缺乏足够的光线来进行光合作用。不可耕地上的居民往往从事进行游牧而且时常会发生饥荒。但是不可耕地与可耕地之间在一定条件下会相互转化。

※不可耕地转为可耕地的例子：

●亚伦群岛：这群岛位于爱尔兰西岸（不要和苏格兰克莱德湾的阿伦岛搞混了）。岛上因为岩石崎岖不适合耕种，于是人们在将海里的沙子和海草铺在小岛上以利耕种。

●以色列：以色列的土地大部分都是沙漠。如今海岸边兴建的海水淡化厂会将海水中的盐分脱去，制造耕种、饮用和洗涤用水。

●刀耕火种农业利用木灰中的养分，但这需要等个几年。

※可耕地转为不可耕地的例子：

●雨林开伐：热带雨林变成贫瘠土地。例如许多地区的游耕中的刀耕火种已经使得马达加斯加的中央高原几乎荒芜（约10%的国土）。

●每年都有耕地因为人类工业活动所造成的沙漠化与侵蚀作用而消失。不当的耕种灌溉方式会使得钠、钙和镁等物质被水带到土表进而造成土壤盐碱化。

小小科学家

蚯蚓是怎么工作的？

你知道吗？蚯蚓能分解土壤的有机物、疏松土壤、改善土质。那你知道蚯蚓是怎么工作的吗？我们一起来看下吧！

实验材料： 深色粘土、浅色沙土、玻璃缸、蚯蚓

实验步骤：

①在玻璃缸下层装颜色较深的粘土，第二层装颜色较浅的沙土，上层装颜色较深的粘土，如图所示，每装一层都稍加镇压。

②玻璃缸中的土要保持一定的湿度，三层土的总体积约占玻璃缸的四分之三，以保持玻璃缸内有足够的空气。

③选几条生长良好的蚯蚓放入缸内，每天投喂一些腐烂树叶或馒头渣。

④玻璃缸上盖一玻璃片，但不要盖得过严。

⑤将以上装置放于温暖、避光处，约五六日后，再观察土壤的分层状况和疏松状况。

想一想，蚯蚓对改良土壤有什么作用呢？

地球的皮肤——草原

"草氏"三姐妹——草原、草场、草坪

逃离那水泥的森林，

钢筋的废墟，

到草原上来，

做一匹自由自在的野狼吧！

昂首长啸！

迎着地平线上的太阳！

当我们阅读报纸、杂志的时候，常常看到一些与草地相近的词，比如城市中的绿地不叫草原，而叫草坪或草地；而内蒙古的辽阔草地，人们通常都叫它大草原。这些词之间有什么不同吗？当然有！

草原一般指的是天然的草地植被，是指在不受地下水或地表水影响下而形成的地带性草地植被。我国大兴安岭以西的内蒙古草原，青海、甘肃的荒漠草原都是这种类型，都叫做草原。草场：草原以及各种类型的草地，一旦被用来放牧或割草等，即称之为草场，也就是说，草场可以认为是已被

内蒙古大草原

草坪

地球、宇宙与空间科学（地理）

人们进行开发利用的草地。草坪指的是有特殊功能的草地，是人工建造并管理的具有特殊功能的草地。草地是一种泛指，是指生长有草本植物或具有一定灌木植被的土地，因而草原、草场、草坪都被包括在其中。

狼毒花

金莲花

翠雀

补血草

如果你认为草原上只长草，那你就错了！

草原四季有花，处处有花，简直就是一个野生花卉园。有名的、没名的，千姿百态，万紫千红，编织出一块块的五彩缤纷的地毯，聚成一朵朵扑朔迷离的彩云。蓝天、白云、青山、

百花齐放

碧水衬托着喧闹的百花世界，勾勒出一幅幅绚丽多姿的欧式油画。

野菜搬上桌

近几年，吃野菜，成了一种时髦。过去许多不登大雅之堂的野菜，渐为人们青睐，上了菜桌。在草原就有许多这种野菜。草地野生蔬菜植物资源种类很多，如沙葱、野韭、蕨类、百合、桔梗、苦荬菜、黄花、蘑菇等。草地野生菜蔬植物大多生长于不受污染的天然草地，作为绿色食品开发很有前景，蕴藏着无限商机，当然，也有不少值得研究和需要探索的问题，尤其是乱挖野菜，对天然草场造成的破坏。

在辽阔的无边无际的草原上，经常可以看到有一些草长成直径大小不等的墨绿色的圆环，圆环的宽度也不一致，但圆环的颜色和植物生长的状况与圆环内外的植物都不相同。经常是圆环上的植物呈墨绿色，高而茂盛，生长状况良好。每当夏季雨过天晴，

草原蘑菇

草地上便出现一个个神秘的圆圈，在墨绿色圆环下，常常可以找到美味的蘑菇。这种天然野生蘑菇是食用菌中的极品。相传远古时候，在明月高照的夏季月夜，常有一群手撑白伞的美丽仙女，从天宫飘然而下，仙女们在草场上嬉戏，天明前翩翩返回天宫。

白蘑

第二天，草丛间便生长出象征仙女们足迹的蘑菇。另一个故事增添了蘑菇圈的神秘色彩。很早的时候，魔鬼憎恨草原美丽，乘夜深人静到草场上转圈跳魔舞，魔鬼踩过的地方就形成了魔圈。魔鬼原意是引人上钩，致人于死地，但是草原上清冽的甘泉水解除了魔圈的魔力，把魔圈变成草原奇珍名产白蘑。找蘑菇、采蘑菇也不是一件容易的事，初次采蘑菇的人，即使辛苦一天，也采不了多少蘑菇。只有多次采蘑菇且有经验的人，才知道什么地方有蘑菇，如何找蘑菇。

六七层楼高的草你见过吗？

广闻博见

地球上草的种类很多，稻、麦、青菜等我们统称为草本植物。草本植物体形一般都很矮小，墙隅小草长不及二寸，稻子、小麦也仅1米上下。但是在草本植物这个大家族里，也有身躯庞大的"金刚"，它叫旅人蕉。这尊"金刚"粗一抱，高七丈，有六七层楼高，

植物中的"金刚"

是世界上最大的草本植物。旅人蕉的叶片基部象个大汤匙，里头贮存着大量的清水。这种植物原产于热带沙漠，旅行者身带的饮水喝光，燥渴难忍时，若幸运地遇到它，只要折下一叶，就可以痛饮甘美清凉的水。因此，人们给它起名"旅人蕉"。

天然大药房——草原药材

草原是个天然大药库，这一点也不假。在草原上，你不仅可以采集到我们常见的一些中草药，而且可以采集到许多珍贵的中草药。草原是我国传统用药的产地。据初步估计，我国天然草地中药用植物不下千种，著名的有甘草、内蒙古黄芪、防风、柴胡、知母等，这些常见的中草药在草原几乎俯拾皆是。而锁阳、冬虫夏草、雪莲等这些名贵的中药，也分布于天然草原之中。

是虫？是草？——冬虫夏草

在青藏高原高寒草甸草地上，生长着一种"一物竟兼动植"的珍品，这一珍品说是虫，不全对，说是草，也不全对，所以人们称其为虫草，又叫冬虫夏草。

关于虫草的生长，一般人对其感到神秘莫测，前人曾有诗云："冬虫

冬虫夏草

夏草名符实，变化生成一气通。一物竟能兼动植，世间物理信难穷。"其实，虫草是一种昆虫与真菌的结合体。虫是虫草蝙蝠蛾的幼虫，菌是虫草真菌，每当盛夏，海拔3800米以上的雪山草甸上，冰雪消融，体小身花的蝙蝠蛾便将千千万万个虫卵留在花叶上。继而蛾卵变成小虫，钻进

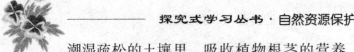
潮湿疏松的土壤里，吸收植物根茎的营养，逐渐将身体养得洁白肥胖。这时，球形的子囊孢子遇到虫草蝙蝠蛾幼虫，便钻进虫体内部，吸引其营养，萌发菌丝。当虫草蝙蝠蛾的幼虫食到有虫草真菌的叶子时也会成为虫草。

地球、宇宙与空间科学（地理）

左边是虫，右边是草

夏草

受真菌感染的幼虫，逐渐蠕动到距地表二至三厘米的地方，头上尾下而死。这就是"冬虫"。幼虫虽死，体内的真菌却日渐生长，直至充满整个虫体。来年春末夏初，虫子的头部长出一根紫红色的小草，高约二至五厘米，顶端有菠萝状的囊壳，这就是"夏草"。虫草这时发育得最饱满，体内有效成份最高，是采集的最好季节。野生虫草的原产地是位于中国的青海、青藏高原。因为野生虫草数量稀少，采集困难，所以虫草一直是皇宫御用的珍贵中药材，与人参、鹿茸一起列为中国三大补药。

以毒攻毒——断肠草

看过《神雕侠侣》吗？那你一定会记得杨过中了情花之毒后是怎么解毒的，那就是用断肠草以毒攻毒。断肠草，又名狼毒草。

狼毒是旱生多年生草本植物，高20－50厘米。根粗大，木质，外皮棕

断肠草

褐色。茎丛生，直立，不分枝，光滑无毛。叶较密生，椭圆状披针形，前端渐尖，基部钝圆或楔形，两面无毛。顶生头状花序；小坚果卵形，棕色。花期 6 – 7 月。狼毒主要是草原群落伴生种，在过度放牧影响下，数量常常增多，成为景观植物。

草原上的火焰

你知道吗？狼毒草盛开的草原就是草原退化的标志！

狼毒草毒性很大，全棵有毒，根部毒性最大。吃后呕吐、烧心、腹痛不止，严重的可造成死亡。

中医里狼毒根入药，能散结、逐水、止痛、杀虫，主治水气肿胀、淋巴结核、骨结核；外用治疗癣、瘙痒，顽固性皮炎、杀蝇、杀蛆。近年来还被用于生物农药。以毒攻毒、取得明显效果。

百里香香百里

在内蒙古草原一些粗瘠而且薄层的土壤上，常常可以看到一片片开着紫红色或者粉红色小花，高度在 5cm 左右，茎部木质化，几乎贴着地面生长的植物。如果你摘上几朵小花，用手轻轻揉搓，就可以散发出淡淡的清香，这就是有名的芳香植物百里香。

百里香的利用部位主要来自花朵和叶片。精油则来自蒸馏其花朵和叶子，呈中度黄棕色并有点绿，因为香味具有强烈草药及松油味，男性香水中也时常用它。

"香百里"的说法当然略属夸张，相较于其它香料植物，它的香味温和

像不像"地毯"

百里香

许多，相当甜而且强烈的药草香。甚至还有诗人形容它的香味像似"破晓的天堂"，且它的植株娇小柔弱，很难想象它在欧洲人的心中，竟是勇气的象征，古罗马人上战场前，还会用加了百里香的水沐浴，希望能为他们带来勇气。

但该物种为中国植物图谱数据库收录的有毒植物，其毒性为全草有小毒。历史上，埃及人曾用来防腐尸体，罗马人用来抗菌，希腊人用来帮助消化，地中海人用来帮助呼吸、治疗呼吸困难及顽强的皮肤病。

百里香有小毒，勿长期使用，勿高浓度使用。敏感皮肤、高血压、孕妇勿用。

生活中的好草药

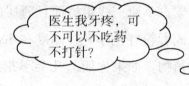

医生我牙疼，可不可以不吃药不打针？

用生姜吧~生姜具有消炎、止痛作用，牙痛时取鲜生姜一片，咬合于痛牙处即可。生活中还有很多好草药呢，我们一起来见识一下吧！

科学研究证明，作为天然的药物，草药具有十分神奇的功效，而且副作用小。其中一些还可以放进我们的家庭药箱，每天烹调时加入一两种，即可让全家受益。

姜黄粉：减轻关节疼痛

姜黄粉中含有一种强有力的抗炎剂－－姜黄素，能减轻关节疼痛和肿胀。姜黄粉还能预防结肠癌，还可以预防老年痴呆症的发生。建议每天三餐中各加入400毫克。

肉桂：降血糖、血脂

肉桂具有降血糖、降低胆固醇和心脏病发生率的作用，心脏病和糖尿病患者每天都可以在烹调时加入肉桂，但是一定要用水溶制剂。过大剂量可能会出现危险，而且肉桂属于温性，所以夏天不要吃太多。

野葛：协助戒酒

研究显示：一群20岁左右的酗酒者服用野葛胶囊1周后，啤酒饮用量下降了一半。这是因为野葛让酒精更快地进入大脑，让你意识到自己不能再喝了。除了戒酒的作用，野葛还能解酒，中药学中著名的方剂"葛花解酒汤"，就是以它为主要成分。

小资料

草原的孩子们——草原上的动物

辽阔的草原上，不仅饲养着大量的家畜，而且繁衍着大量的野生动物，在这些野生动物中，不仅有许多珍贵的种类，也有许多稀有的种类，以及濒危甚至濒临灭绝的种类。保护这些珍稀动物，是我们大家的事。

高鼻羚羊只在我国甘肃威武濒危野生动物繁育中心有饲养。

草原上有哪些珍稀动物呢？草原上的珍稀动物很多。在哺乳动物中有羚牛、野牦牛、藏羚、白唇鹿、毛冠鹿、野驴、野马、双峰驼、马鹿、梅花鹿、高鼻羚羊等等。

草原上珍稀的鸟类有：丹顶鹤、藏雪鸡、血雉、大鸨、大天鹅、大白鹭等。

珍稀的爬行动物有：四爪陆龟、沙蟒、扬子鳄等。珍稀的两栖类有大鲵等。

总体来说，草原上的动物种类较森林地带少。兽类中草食性的啮齿类和有蹄类最为繁盛。昆虫的数量很多，以蝗虫、蚁为优势，蜂以及依赖有蹄类粪便、尸

全国雪豹只有 1400—1600 只

体为生的粪食甲虫和尸食甲虫数量也很可观。两栖类和爬行类较为贫乏。由于开阔的草原缺乏天然隐蔽所，为逃避食肉类等天敌的袭击，有蹄类发展了迅速奔跑能力、集群的生活方式、敏锐的视觉和听觉；啮齿类具有很强的挖掘能力，过着穴居生活或完全的地下生活，如中国草原地带的鼢鼠。草原动物生命活动的季相变化明显，冬季有蹄类需长途跋涉到雪少地区觅食；爬行动物和多数啮齿动物进入冬眠或贮藏食物越冬；大多数鸟类向南迁移。由于气候原因，造成草原产草量的年变化大，导致啮齿动物的年变化明显，并间接影响以啮齿类为生的食肉兽数量。

蝗虫

东北鼢鼠

广闻博见

世界草原主要分布在欧亚大陆温带，自多瑙河下游起向东经罗马尼亚、俄罗斯和蒙古，直达我国东北和内蒙古等地，构成世界上最宽广的草原带。北美中部的草原带面积也较宽广。此外，南美阿根廷等地亦有草原分布。世界上主要的大草原有欧亚大陆草原、北美大陆草原、南美草原等。这里夏季温和，冬季寒冷，春季或晚夏有一明显的干旱期。由于低温少雨，草群较低，其地上部分高度多不超过 1 米，以耐寒的旱生禾草为主。

世界草原分布

生态平衡大功臣——草地的功能

嗯……小白喜欢去草地玩皮球，我喜欢去草地捉蚂蚱，哆啦A梦，你去草地干什么？

草地的用处大着呢，跟我来看看吧！

长期以来，我们都比较看重草地的经济功能，一提到草地，都注意到草地是重要的生产资料，是重要的可更新的资源，能生产肉、奶、皮、毛，能提供大量的畜产品，有大量的宝贵的特有的经济职务，而往往忽略其生态功能与社会功能。2000 年 10 余次袭击北京的沙尘暴，西部大开发，长江的洪灾等许多重大问题，使我们许多人对此有所反思。草原是发展畜牧业的基地，也是调节气候、涵养水源、保持水土、防风固沙、维护自然生态平衡的重要因素。

草原放牧

 ### 悄悄地调节小气候

房子装上了天然空调

炎炎夏日，我们置身于植物覆盖的房子，会有凉爽舒服之感，而在隆冬，我们如果躲进这种房子，又会有暖融融的感觉。草坪的作用也有异曲同工之妙，草坪在调节小气候方面的作用，实在是功不可没。

草地调节小气候的功能，主要有三方面作用：第一，草地可截留降水，且比空旷地有较高的渗透率，对涵养土壤中的水分有积极作用。据试验冰草的降水截留量可达50%。

第二，由于草地的蒸腾作用，具有调节气温和空气中湿度的能力，与裸地相比，草地上湿度一般较裸地高 20% 左右。

第三，由于草地可吸收辐射外地表的热量，故夏季地表温度比裸地低 3－5℃，而冬季相反，草地比裸地高 6－6.5℃。这些就使得草坪在调节小气候方面起着十分积极的作用。

保水固土的勇士

许多人都知道不论在我国南方或者北方的山上，假如地表裸露，没有植物覆盖，大雨过后，肯定水土流失严重。但是很少人知道，在我国南方桉树林下，由于桉树的物理作用及其分泌物的化学作用，尽管大树成林，但林下灌木与草本层缺乏，大雨过后，也照样有严重水土流失，同样会成为光板地。这就是说，要保持水土，光有树还不行，还必须有草。草的水土保持功能十分重要，在许多情况下，它比树的作用更突出。草之所以具有如此强大的水土保持功能，主要由于：草的根系发达，而且主要都是直径≤1mm 的细根，实验表明，直径≤1mm 的根系才具有强大的固

保水固土的勇士

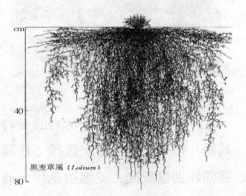

黑麦草属（*Loium*）

黑麦草发达的根系

哇，黑麦草的头发这么长啊，有什么用呢？

结土壤，防止侵蚀的能力。另外，草本植物大量的地表茎叶的覆盖，可以减少降雨对地表的冲刷。这就是为什么在我国南方许多桉树林下也仍有强烈水土流失的原因。正因为如此，草本植被被称为保水固土的勇士。

草地还有哪些特殊功能

此外，草地还有其特殊的功能。许多人爱看足球，足球不能在水泥地上踢，只能在草坪上踢，这是草坪的一种特殊功能，这种草地都是由人工铺植草皮或播种培育，我们称之为草坪。足球、高尔夫球、棒球、曲棍球、橄榄球、草地保龄球等需要草坪的各种球类运动，其草坪场地的质量如何，草坪植物的种类，都会影响其球技的发挥。

高尔夫

竞技场上的英豪

草坪婚礼是近年来新兴的一种西式婚礼模式，新人喜欢选择一片绿地或郊外别墅花园，或湖边草坪，或依山傍水的地方，在阳光和草地之中举行婚礼。蓝天绿草的环境使得温馨浪漫的婚礼显是独具特色，草坪的加入使得人们能够尽情享受大自然的气息。

浪漫的见证者

找块草坪结婚去！

我们可以通过放牧把草转化成为肉、奶、毛皮等畜产品。但是由于过度放牧，开垦，使草原沙漠化，荒漠化，因此要想更好地利用草地，合理利用草地，就必须以草定畜，严格控制草场载畜量；建立人工草地，推行越冬饲养方式；采用先进技术，实行划区轮牧。

动一动

水土流失小实验

实验材料：

木板、塑料饮料瓶、铁钉、脸盆、花草、黄土、水等

实验步骤：

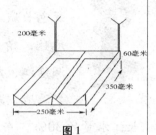

图1

1. 在一块长约350毫米、宽约250毫米的长方形木板上，按图上的要求用60毫米宽的木板围成一个框架，再在木框一端安装两个高200毫米的支架（图1）。

图2

2. 用铁钉在一个较大的塑料饮料瓶上钻三排均匀的小孔（图2）。

3. 将黄土呈斜坡状装入木框内，在一侧种上苔藓和杂草，另一侧裸露，什么也不种。培植两周左右，让植物成活（图3）。

4. 用砖头或小凳子将木框架起来，在木框两个开口处的下方摆两个脸盆，再把带孔的塑料饮料瓶装满水，放到支架下，用手转动塑料饮料瓶，让水流泻干净（图4）。

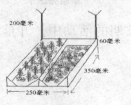

图3

图4

地球、宇宙与空间科学（地理）

还地球美丽皮肤——保护草原资源

背景资料

　　我国草原从东到西绵延4500余公里，宛如一道天然的绿色长城。它覆盖着2/5的国土面积，仿佛一面巨大的绿色地毯，精心呵护着中华大地。草原也是我国黄河、长江、澜沧江、怒江、雅鲁藏布江、辽河和黑龙江等几大水系的发源地，是中华民族的水源和"水塔"。黄河水量的80%，长江水量的30%，东北河流50%以上的水量直接源自草原。草原还是人类赖以生存的家园，从广义的草原（包括北方天然草原和南方草山草坡）概念来说，全国有近4亿人口生活在草原分布区，其中仅天然草原区的人口应超过2亿人。

草原开垦几时休

　　草地为什么会退化呢？分析起来，有自然原因，也有人为原因。自然原因，主要是气候变化，即温暖化与干旱化，这是整个地球表面共同的变化，人类不能够左右，只能认识这一规律，利用这一规律。而人为原因，特别是近几十年，人为的长期的不合理活动，

草原秃顶了

加剧了我国天然草原退化的过程。在这些长期的活动中，开垦种粮是重要原因之一。

超载放牧不可取

　　草原退化的主要原因是过牧，即过度放牧，过度放牧又叫草原超载。

在一定自然条件下，单位面积的草场，只能供应一定数量牲畜的活动，如果无限制过分频繁地放牧，牲畜的过度啃食，使牧草来不及生长，来不及积累有机质，势必使草丛变得越来越矮，产量越来越低。不仅如此，那些优良的牧草，即牲畜爱采食的牧草

草原沙漠化

受害最重，影响最大，而那些有毒的或者牲畜不喜采食的植物就得以保存下来。　　　这就是为什么退化的草地一方面表现为植物小型化，生物量低的特点，另一方面表现有毒植物相对增多的特点，在内蒙古典型草原，退化严重的草原上，狼毒大量保存下来，就是这个道理。过牧不仅对牧草会产生上述影响，而且长期的大量的过度的牲畜践踏，也会使土壤变得紧实，导致透气透水能力降低，土壤性状恶化。

不用担心，我们有很多办法可以治理草原！

草原退化了，我们该怎么办？

综合治理退化草地

我国60亿亩草地，其中90%以上处于不同程度退化之中，如何改良、利用这90%的退化草地，是草原退化防治的根本与关键。

对于退化草地，我们不能不用，关键是在用中改良。合理使用本身是一种科学管理。另外，对于退化草地

这还是草原吗？

的合理利用与改良是一个复杂的问题，不可能只用一种办法，要贯彻综

合治理的思想，采取多种措施。其中值得重视的措施有：

①**围栏封育**：这是最简单易行也是成效显著的措施。在内蒙古草原退化的草地，一般围栏三年即可发生显著的变化，生产力就可有较大幅度提高。

别进来了，让我休息会

②**松土改良**：这是一种用机械的办法改善土壤的物理性状，进而改良土壤的化学状况，为植物生长创造好的条件，提高生产力的方法。

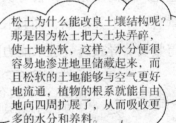

你松土来我补播

松土为什么能改良土壤结构呢？那是因为松土把大土块弄碎，使土地松软，这样，水分便很容易地渗进地里储藏起来，而且松软的土地能够与空气更好地流通，植物的根系就能自由地向四周扩展了，从而吸收更多的水分和养料。

③**补播**：即在退化草地上补种合适的豆科或禾本科牧草。

④**施肥**：在某些局部地区，在可能条件下，施用化学肥料或有机肥料对提高生产力与退化草地改良也有很大好处。

机械化施肥

人工种草

草的生长速度不够快，不够牛羊吃的怎么办呢？

草原上应该种什么草呢？

草原退化是因为牲畜多了，而草地上的牧草产量少了，草与畜不能平衡。假如我们设法增加牧草的产量，就可以为多的牲畜提供多的牧草，从而实现新的畜草平衡，这就是建立人工草地与防治草原退化的辨证关系。

人工草地是一种高产的牧草生产系统。要高产就要有好的基础，就要有高的投入。建立人工草地不是随便什么地方都能满足要求的。选择合适的地形部位与土壤条件十分重要。在内蒙古草原，要选择山前的扇缘地带和相对低洼的地方。在这些地方，由

大家一起来种草

于水热条件的分异而可能形成比较肥沃的土壤以及好的水分条件。有了好的基础，人工草地可以说成功了一半。而另一半就是好的草种，合适的结构，精耕细作，精细管理以及收获等。在这里，要特别强调豆科牧草的选择十分重要。因为我国目前家畜饲草缺乏，最严重的问题就是蛋白质饲料的不足，另外，在人工草种中配合一定比例的豆科牧草，不仅可解决蛋白质饲料的不足，而且豆科牧草的生物固氮，可增加系统中的氮素含量，提高土壤肥力，这是一举两得的事。

地球、宇宙与空间科学（地理）

地球之肺——森林功能

什么是森林资源？

森林里有很多树，所以树是森林资源

米老鼠说对了一部分，但不完整。森林资源，包括森林、林木、林地以及依托森林、林木、林地生存的野生动物、植物和微生物，如森林中的老虎、森林中生长的蘑菇。森林还可以开发旅游资源，如森林公园。

林木资源

野生动物资源

森林中的野蘑菇

西双版纳绿石林森林公园

森林对环境和人类有什么好处呢？

天然制氧厂

氧气是人类维持生命的基本条件，人体每时每刻都要呼吸氧气，排出二氧化碳。一个健康的人三两天不吃不喝不会致命，而短暂的几分钟缺氧就会死亡，这是人所共知的常识。文献记载，一个人要生存，每天需要吸进0.8公斤氧气，排出0.9公斤二氧化碳。森林在生长过程中要吸收大量二氧化碳，放出氧气。据研究测定，树木每吸收 44 克的二氧化碳，就能排放出 32 克氧气；树木的叶子通过光合作用产生一克葡萄糖，就能消耗 2500 升空气中所含有的全部二氧化碳。若是树木生长旺季，一公顷的阔叶林，每天能吸收一吨二氧化碳，制造生产出 750 公斤氧气。就全球来说，森林绿地每年为人类处理近千亿吨二氧化碳，为空气提供 60% 的净洁氧气，同时吸收大气中的悬浮颗粒物，有极大的提高空气质量的能力；并能减少温室气体，减少热效应。

一个人要生存，每天需要吸进0.8公斤氧气，排出0.9公斤二氧化碳。地球上的氧气为什么不会耗完？二氧化碳又哪里去了？

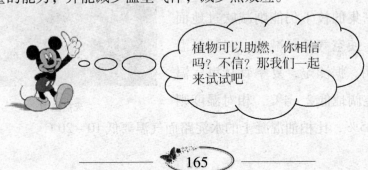

植物可以助燃，你相信吗？不信？那我们一起来试试吧

小小科学家

仙人掌助燃

实验材料：两只蜡烛，一盆仙人掌，两个玻璃罩

实验步骤：

①以30厘米的间隔固定两支高约20厘米的红蜡烛；

②在一支蜡烛边放置一盆高约30厘米的仙人掌；

③用高约60厘米、直径约20厘米的透明玻璃罩将两支蜡烛罩住

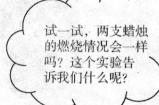

试一试，两支蜡烛的燃烧情况会一样吗？这个实验告诉我们什么呢？

全天然空调

森林浓密的树冠在夏季能吸收和散射、反射掉一部分太阳辐射能，减少地面增温。冬季森林叶子虽大都凋零，但密集的枝干仍能削减吹过地面的风速，使空气流量减少，起到保温保湿作用。据测定，夏季森林里气温比城市空阔地低2－4℃，相对湿度则高15－25%，比柏油混凝土的水泥路面气温要低10－20℃。

天然空调

天然的消声器

噪声对人类的危害随着公元、交通运输业的发展越来越严重，特别是城镇尤为突出。森林作为天然的消声器有着很好的防噪声效果。实验测得，公园或片林可降低噪声 5－40 分贝，比离声源同距离的空旷地自然衰减效

多多植树，多多益善

果多 5－25 分贝；汽车高音喇叭在穿过 40 米宽的草坪、灌木、乔木组成的多层次林带，噪声可以消减 10－20 分贝，比空旷地的自然衰减效果多 4－8 分贝。城市街道上种树，也可消减噪声 7－10 分贝。

空气和污水的过滤器

工业发展、排放的烟灰、粉尘、废气严重污染着空气，威胁人类健康。高大树木叶片上的褶皱、茸毛及从气孔中分泌出的粘性油脂、汁浆能粘截到大量微尘，有明显阻挡、过滤和吸附作用。据资料记载，每平方米的云杉，每天可吸滞粉尘 8.14 克，松林为 9.86 克，

上星期跟妈妈去爬山，山里的空气真清新呢！为什么会这样呢？

榆树林为 3.39 克。一般说，林区大气中飘尘浓度比非森林地区低 10－25%。另外，森林对污水净化能力也极强，据国外研究介绍，污水穿过 40 米左右的林地，水中细菌含量大

仙人掌、文竹、吊兰等小植物都可以起到净化空气的作用哦~不防在家里摆上几盆绿色植物，既可以美化环境，又有益健康。

致可减少一半，而后随着流经林地距离的增大，污水中的细菌数量最多时可减至90％以上。

此外，森林能改变低空气流，有防止风沙和减轻洪灾、涵养水源、保持水土的作用。出于森林树干、枝叶的阻挡和摩擦消耗，进入林区风速会明显减

三北防护林

弱。据资料介绍，夏季浓密树冠可减弱风速，最多可减少50％。风在入林前200米以外，风速变化不大；过林之后，大约要经过500－1000米才能恢复过林前的速度。人类便利用森林的这一功能造林治沙。

守护着堤岸的战士

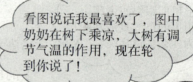

看图说话我最喜欢了，图中奶奶在树下乘凉，大树有调节气温的作用，现在轮到你说了！

地球变秃头了——森林在减少

当我们看着一棵树时我们看不到或者想不到的是这里包含了多少水？事实是它能在 10 到 12 英寸宽的洪水里抓住 57000 加仑的水，把这些水锁在海绵层里过滤再放进含水层里。砍掉那样的一棵树，会导致洪水，导致土壤侵蚀，你就会失去 57000 加仑的当地储水，等这些水从山上冲下来的时候会伤人，会破坏社区，最终会污染大洋。

有这样的报告，再过 100 年全球森林就会消失。想象一下森林消失的

砍掉一棵树，毁了一个家

那时刻。土沙崩溃、洪水、泥石流、干旱、全球变暖等一系列的恶魔都会张开魔爪向我们袭来，地球上的所有的生物也许都会被灭绝。

森林在减少，谁是真正的罪魁祸首？

砍伐林木

温带森林的砍伐历史很长，在工业化过程中，欧洲、北美等地的的温带森林有 1/3 被砍伐掉了。热带森林的大规模开发只有 30 多年的历史。欧洲国家进入非洲，美国进入中南美，日本进入东南亚，寻求热带林木资源。在这一期间，各发达国家进口的热带木材增长了十几倍，达到世界木材和纸浆供给量的 10% 左右。

开垦林地和牧场

为了满足人口增长对粮食的需求，在发展中国家开垦了大量的林地，特别是农民非法烧荒耕作，刀耕火种，造成了对森林的严重破坏。中南美地区，特别是南美亚马逊地区，砍伐和烧毁了大量森林，使之变为大规模的牧场，以满足发达国家对牛肉的需求。

森林在斧头下发抖

酸雨污染

1970 年开始,酸雨的森林破坏备受瞩目。受害严重的主要地区是欧洲和北美的北方林。许多国家的森林面积在减少,有的国家失去了一半以上的森林。靠近五大湖的美国,加拿大受严重的酸雨影响。到处可以看到树叶掉落,

酸雨剃了森林的头发

干枯的森林。在中国的工业城市周边,也出现了针叶树林干枯的现象。除此之外,还有各个国家受酸雨的影响,森林在受破坏。今后还有很多森林会受酸雨的影响,导致消失的可能性。酸雨是破坏森林的原因之一。

防止森林被破坏，我们要将4R运动贯彻到底，什么是4R运动呢？

4R运动就是减少浪费的运动，包括Refuse（拒绝）、Reduce（减少）、Reuse（再利用）、Recycle（废物回收）

我们应该怎么做呢？

试试这款生发灵——4R 运动

我们生存的地球被称为"绿色的地球"、"美丽的地球"。但我们的资源是有限的，我们有重大的环境污染，垃圾等问题。我们以富裕的生活为代价，换来了种种这样的问题。保卫绿色家园，我们得尽量减少垃圾，提倡物品的再利用。作为对策，有 4R 运动。

4R 运动就是减少浪费的运动。

Refuse 拒绝→拒绝多余的商品包装。

Reduce 减少→尽量减少垃圾。

Reuse 再利用→提倡反复地再利用物品。东西坏了，最好修理，不要马上更换新东西。

大家都爱美，别让地球变成秃头！

Recycle 资源的再利用→提倡资源的有效利用。回收后可以再利用的物品，不要跟不能用的垃圾混在一起。

4R 运动，可以从生活中的小事情开始做起。这是珍惜东西的心灵表现。4R 运动当中的一项也好，为了我们的地球，你是不是也要从现在开始做起呢？

地球得了"皮肤病"——沙漠

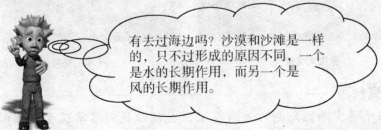

有去过海边吗？沙漠和沙滩是一样的，只不过形成的原因不同，一个是水的长期作用，而另一个是风的长期作用。

沙漠是指沙质荒漠，地球陆地的三分之一是沙漠。沙漠的地表覆盖的是一层很厚的细沙状的沙子，在风的作用下，会自己变化和移动，沙丘就会向前层层推移，变化成不同的形态。

　　大多沙漠分类按照每年降雨量天数，降雨量总额，温度，湿度来分类。地球上的沙漠可分为两类：一类是温带沙漠，如中亚的卡拉库姆沙漠和克齐尔库姆沙漠、蒙古的大戈壁；一类是热带和亚热带沙漠，如北非的撒哈拉沙漠、西亚的阿拉伯沙漠等，一般都分布在大陆西岸。

此起彼伏的沙丘

　　沙漠地区温差大，平均年温差可达 30－50℃，日温差更大，夏天午间地面温度可达 60℃ 以上，若在沙滩里埋一个鸡蛋，不久便烧熟了。夜间的温度又降到 10℃ 以下。沙漠地区风沙大、风力强。最大风力可达 10－12 级。强大的风力卷起大量浮沙，形成凶猛的风沙流，不断吹蚀地面，使地貌发生急剧变化。

蒙古大戈壁

干旱的热带沙漠

小资料

　　在干旱少雨的光秃的大沙漠里，也可以找到水草丛生、绿树成荫，一派生机勃勃的绿洲。这绿洲又是怎样形成的呢？

因为水很少，一般以为沙漠荒凉无生命，有"荒沙"之称。但是沙漠里也有绿洲哦！那绿洲是怎么形成的呢？

裸露在沙漠中的小山

高山上的冰雪到了夏天，就会融化，顺着山坡流淌形成河流。河水流经沙漠，便渗入沙子里变成地下水。这地下水沿着不透水的岩层流至沙漠低洼地带后，即涌出地面。另外，远处的雨水渗入地下，也可与地下水汇合流到这沙漠的低洼地带。或者由于

浪漫的见证者

地壳变动，造成不透水的岩层断裂，使地下水沿着裂缝流至低洼的沙漠地带冲出地面。这低洼地带有了水，各种生物就应运而生、发育、繁衍。

和别的区域相比，沙漠中生命并不多，但是仔细看看，就会发现沙漠中藏着很多动植物，尤其是晚上才出来的动物。

紧紧相邻的沙漠和绿洲

哇，河流孕育了一片生命！

地球、宇宙与空间科学（地理）

广闻博见

沙漠地区植被少，到达地面的光照比较强，热量丰富，有利于瓜果进行光合作用，制造有机物；沙漠地区气温昼夜温差大可使白天高温时光合作用制造的大量有机物质和糖分，在夜间呼吸作用的消耗减到最少。

哦，原来绿洲是这样形成的啊！那为什么沙漠绿洲中的瓜果都特别甜呢？

在沙漠中，无论是动物还是植物，水资源的匮乏无疑是最大的威胁。而且比起植物，沙漠动物还有额外的生存危机，那就是极端炎热的气温。

小资料

你知道沙漠中都有哪些动物吗？

在数以千计的沙漠动物中，几乎每一种都有其独特的保持水分、躲避炎热的求生技巧。大多数沙漠鸟类、哺乳动物和爬行动物只在黎明或日落后的几个小时间活动，其他时候则躲在凉爽的、有阴影的地

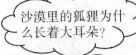
沙漠里的狐狸为什么长着大耳朵？

点。也有一些种类，例如极乐鸟，也在白天活动，不过它们会时不时地在阴凉处歇歇脚。也正因为如此，人类很少能与响尾蛇和毒蜥遭遇。也有些沙漠动物喜欢在气温凉爽的夜晚活动。蝙蝠、一些蛇类、大多数啮齿动物和一些大型哺乳动物，比如狐狸、臭鼬，都在夜间出动，白天则躲在阴凉的巢穴或地洞里睡觉。另外一些体形较小的沙漠动物干脆躲到地下去，它们在土壤或沙层下打造洞穴，逃过炎热的地面高温。聪明的啮齿动物甚至还会将洞口塞住，隔绝炎热而干燥的空气。在最热的季节里，最活跃的可能是某些沙漠蜥蜴，灼热的阳光下，它们还会在沙地上奔跑，因为它们特有的长腿在奔跑时不会吸收太多地表热量。

　　沙漠里的动物虽然不少，不过想要在沙漠里发现动物，其实是很有难度的。因为大多数动物都有微黄的"沙漠色"，也就是他们的保护色。也许，这样他们看上去并不美丽，不过也只有这样，他们才能在险恶的环境里求得生机和希望。

地球、宇宙与空间科学（地理）

广闻博见

　　沙漠狐又称郭狐，这是因为它的耳朵异乎寻常的大。沙漠狐的耳朵长达十五厘米，比大耳狐的耳朵还要大。从它的耳朵与身躯的比例来说，沙漠狐的耳朵在食肉动物中可以说是最大的了。沙漠狐的这双大招风耳是它的散热器，这是它适应沙漠地区炎热气候的需要。

夜晚出来活动的沙漠狐

在沙漠里，植物要在严酷干旱的气候中求得生存不是一件容易的事情，不过沙漠里的植物们自有他们的办法，为了适应沙漠的气候，它们长成了与众不同的奇怪相貌。接下来我们来看看它们中的代表吧。

广闻博见

沙漠之舟——骆驼

在没有汽车和飞机的年代，穿越沙漠是一件非常困难的事情。那时候，人们只能骑着骆驼横穿沙漠，所以，骆驼就有了"沙漠之舟"的美称。别看骆驼

说到沙漠里的动物，怎么能不知道骆驼呢？

"貌不惊人"，它能被冠以"沙漠之舟"的美称，完全得益于它两大法宝。一个法宝便是他特殊的身体构造，骆驼的驼峰里贮存着脂肪，这些脂肪在骆驼得不到食物的时候，能够分解成骆驼身体所需要的养分，供骆驼生存需要。另外，骆驼的胃里还有许多瓶子形状的小泡泡，那是骆驼贮存水的地方，这些"瓶子"里的水使骆驼即使几天不喝水，也不会有生命危险。第二件法宝就是他们有良好的防风沙"装备"，骆驼的耳朵里有毛，鼻翼还能自由关闭。这些都能阻挡风沙进入；骆驼有双重眼睑和浓

现在你知道我为什么被称为"沙漠之舟"了吧，我可是当之无愧啊！

密的长睫，可防止风沙进入眼睛。另外骆驼的脚掌扁平，脚下有又厚又软的肉垫子，这样的脚掌使骆驼在沙地上行走自如，不会陷入沙里。

沙漠地区气候干旱、高温、多风沙，土壤含盐量高。植物要有奇异的适应沙漠自然环境的能力，才能生存和生长。

多数的多年生沙生植物有强大的根系，以增加对沙土中水分的吸取。一般根深和根幅都比株高和株幅大许多倍，如灌木黄柳的株高一般仅 2 米左右，而它的主根可以钻到沙土里 3 米半深，水平根可伸展到二三十米以外，即使受风蚀露出一层水平根，也不至于造成全株枯死。

黄柳

减少水分的消耗，减少蒸腾面积，有些植物的叶子已经退化得像鳞片一样裹在树枝上，主要靠绿色的树枝代替叶子进行光合作用，制造养料。仙人掌则把叶子变成了刺，径柳干脆就没有了叶子。有些沙漠植物采取的是"惹不起，躲得起"的策略，它们在干旱炎热的夏季里落叶休眠，等到夏去秋来，再继续生长发芽。

无叶树——梭梭

红柳

当然，在沙漠中还有一些植物坚韧不屈，他们和酷热干燥风沙斗争到底。人们常常可以看到沙丘上生长着花儿鲜红的红柳树，为沙漠增添了生气。风卷流沙埋压它一次，它就又迅速地生长一节，始终傲立在沙丘之上，把沙丘踩在脚下。沙漠里还有一种高大的胡杨树，它不光不怕沙漠里的盐碱，而且本身就是一座小型的化工厂，它把对植物有害的盐碱，变成了可以蒸馒头、做糕点和洗衣服的"胡杨碱"。你只要在树干上划上一刀，就会淌下像眼泪一样的胡杨碱来。这些生长在沙漠里的植物，也许他们的样子是怪了点，不过它们长成这样都只有一个目的：就是在沙漠干旱的天气里求得生存。同时，它们的存在也给茫茫沙漠带来了生机。

胡杨树

 ## 沙漠不为人知的一面——资源·生物·文化遗址

沙漠里有时会有可贵的矿床，近代也发现了很多石油储藏。沙漠少有居民，资源开发也比较容易。沙漠气候乾燥，它也是考古学家的乐居，可以找到很多人类的文物和更早的化石。

沙漠给人类造成了巨大的危害，是人类的大敌。这只是问题的一面，从另一个角度来看，沙漠又是资源和财富。

沙漠是重要的国土资源，可以开发利用。沙漠地区具有丰富的石油天然气，是重要的能源基地。

沙漠地区光能丰富，可以将光能转化为生物能。钱学森曾提出沙产业理论，其宗旨便是利用高科技手段，将光能转化为生物能。

沙漠沙本身也是一种矿物资源，75%的沙漠沙加上25%的生石灰，可以制造出免烧的硅沙砖，用来代替粘土砖。

沙漠地区生长有许多耐干旱的沙生植物，丰富了生物的多样性。沙棘、从戎、锁阳、甘草、麻黄、枸杞、黄芪都是重要的中草药，苁蓉被称作沙漠人参，具有很高的经济价值。

你知道沙漠里都有哪些奇怪现象吗？

你一定知道海市蜃楼了！但是你知道吗？沙漠里不仅光线会作怪，声音也会作怪。唐玄装相信这是魔鬼在迷人，直到如今，住在沙漠中的人们，却也还有相信的。人们把会发生声音的地方称为"鸣沙"。在现在宁夏自治区中卫县靠黄河有一个地方名叫鸣沙山。据说，每逢夏季端阳节，男男女女便在山上聚会，然后纷纷顺着山坡翻滚下来，这时候沙便发生轰隆隆的巨响，像打雷一样。为什么呢？科学家解释，只要沙漠面部的沙子是细沙且干燥，含有大部分石英，被太阳晒得火热后，经风的吹拂或人马的走动，沙粒移动摩擦起来便会发出声音，这便是鸣沙。

沙漠中特有的景观，是重要的旅游资源。沙漠中的鸣沙现象，在许多地方都存在，以敦煌鸣沙最著名。听鸣沙、滑沙可以增长科学知识。沙漠中跋涉旅行，是很有趣的生存锻炼活动。

沙漠中有许多古代文化遗址，楼兰、尼雅、居延都是巨大的露天博物馆。这里出土的文书、简牍名扬中外，成为重要的中华遗产。斯坦因、斯文·赫定一大批外国人不惜冒着生命危险到此考察、探险、取得了丰硕的成果。沙漠中的文化遗址随处可见，那高高的佛塔，颓圮的庙宇，坍塌的城墙，残破的水渠，光秃秃的房架，在流沙中半掩半露的白骨、干尸和独木棺，都是古代人类活动的遗迹，述说着人类文明的传播和演变。

塔里木油田沙漠钻井　　　　　　　　　　楼兰遗址

广闻博见

楼兰古国之谜

　　楼兰王国位于中国大陆的新疆巴音郭楞蒙古族自治州若羌县北境，罗布泊以西，孔雀河道南岸七公里处，整个遗址散布在罗布泊西岸的雅丹地形之中。

　　楼兰原是一个随水而居的半耕半牧的小部落。古代"丝绸之路"的南、北两道从楼兰分道，依山傍水的楼兰城成了亚洲腹部的交通枢纽城镇，东西方的商业往来与日俱增，给楼兰经济带来空前的繁荣。

　　然而如今在丝路上，探险家、考古学家只能在干枯的孔雀河畔看到楼兰古城四周多处坍塌的墙垣，面积约十万平方公尺的楼兰城区外围只见断断续续的墙垣孤伶伶地站立着，全景旷古凝重，城内破败的建筑遗址了无生机，显得格外苍凉、悲壮。

　　如此显赫一时的古代商城为何会在极短的时间内消失得无影无踪？至今仍是一个谜！

地球、宇宙与空间科学（地理）

探 究 式 学 习 丛 书
Tanjiushi Xuexi Congshu

自 然 资 源 保 护
PROTECTION OF NATURAL RESOURCES

（下）

人民武警出版社

图书在版编目（CIP）数据

自然资源保护（下）/潘虹梅编著 . —北京：人民武警出版社，2009. 10

（地球、宇宙和空间科学探究式学习丛书；10/杨广军主编）

ISBN 978 – 7 – 80176 – 369 – 3

Ⅰ. 自… Ⅱ. 潘… Ⅲ. 自然资源－资源保护－青少年读物 Ⅳ. X37 –49

中国版本图书馆 CIP 数据核字（2009）第 192306 号

书名：自然资源保护（下）

主编： 潘虹梅

出版发行： 人民武警出版社

经销： 新华书店

印刷： 北京龙跃印务有限公司

开本： 720×1000　1/16

字数： 288 千字

印张： 23. 25

印数： 0 – 3000

版次： 2009 年 10 月第 1 版

印次： 2014 年 2 月第 3 次印刷

书号： ISBN 978 – 7 – 80176 – 369 – 3

定价： 59. 60 元（全 2 册）

出 版 说 明

　　与初中科学课程标准中教学视频 VCD/DVD、教学软件、教学挂图、教学投影片、幻灯片等多媒体教学资源配套的物质科学 A、B、生命科学、地球宇宙与空间科学三套 36 个专题《探究式学习丛书》，是根据《中华人民共和国教育行业标准》JY/T0385－0388 标准项目要求编写的第一套有国家确定标准的学生科普读物。每一个专题都有注册标准代码。

　　本丛书的编写宗旨和指导思想是：完全按照课程标准的要求和配合学科教学的实际要求，以提高学生的科学素养，培养学生基础的科学价值观和方法论，完成规定的课业学习要求。所以在编写方针上，贯彻从观察和具体科学现象描述入手，重视具体材料的分析运用，演绎科学发现、发明的过程，注重探究的思维模式、动手和设计能力的综合开发，以达到拓展学生知识面，激发学生科学学习和探索的兴趣，培养学生的现代科学精神和探究未知世界的意识，掌握开拓创新的基本方法技巧和运用模型的目的。

　　本书的编写除了自然科学专家的指导外，主要编创队伍都来自教育科学一线的专家和教师，能保证本书的教学实用性。此外，本书还对所引用的相关网络图文，清晰注明网址路径和出处，也意在加强学生运用网络学习的联系。

　　本书原由学苑音像出版社作为与 VCD/DVD 视频资料、教学软件、教学投影片等多媒体教学的配套资料出版，现根据读者需要，由学苑音像出版社授权本社单行出版。

出 版 者

2009 年 10 月

卷首语

　　自然资源——孕育生命的海洋、承载生灵的土地、消逝的森林与珍贵的野生动物，变幻莫测的气候状况与千奇百怪的地球之最，是人类生存和发展的物质基础和社会物质、精神财富的源泉，千百年来，自然资源以各种形式孕育了厚重的人类文明史。

　　但是中国经济发展到今天，人口多与资源少的矛盾，生产扩大与环境污染及资源浪费的矛盾日益突出，随着经济不断发展和人口不断增加，水、能源和矿产资源不足的问题越来越严重，生态环境破坏和保护的矛盾越来越激烈。本丛书通过精美的插图、精炼的语言、探究的手法，既勾勒出一个多姿多彩的自然，也展现了丰富多样的资源，以及在利用自然资源过程中所出现的种种负面因素，试图教会我们寻求一种利用和保护的平衡点——如何去做，如何去想；如何利用，如何对待。

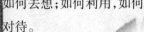

沙漠时代即将到来——沙漠资源的开发利用

背景资料

　　伟大的物理学家爱因斯坦于1905年3月17日发表了光电效应的论文,对理论物理学作出了重大的贡献,光电效应的应用非常广泛,当前最值得关注的是太阳能光电池。光电池利用光电效应将太阳辐射直接转换成电流。如果将一组光电池连接起来,就可以提供一个大电流。这种电池构成的电池组能够向集中的电网供电,也可以直接向单个建筑或电器设备供电,特别是在那些很难与中央电网接上的边远地区。这种资源的发展方兴未艾,在大规模发电中将越来越具有竞争力。

　　随着太阳能时代的即将到来,将伴随着开发利用沙漠的时代即将到来,这是因为沙漠能集中地提供丰富的太阳能。那么我国有多少太阳能资源呢?

　　我国的沙漠地区将能集中地提供丰富的太阳能。我国现有沙漠约52万平方公里,有沙漠化土地17.6平方公

太阳能电站

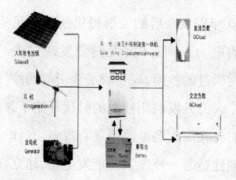

太阳能发电系统

里,潜在沙漠化土地15.8万平方公里,三者共计为85.4万平方公里。大部分集中在内蒙古地区和新疆地区。在沙漠地区夏季6、7月份每天日照约有14－15小时,亦即从早上6点至晚上20点,冬季日照只有8－9小时,从早上8点到下午16点。年平均日照约为11

地球、宇宙与空间科学（地理）

－12 小时，夏季在正午时太阳光辐射能最大值是 0.73 千瓦/平方米，冬季是 0.23 千瓦/平方米。二者平均的峰值是 0.48 千瓦/平方米，有效平均功率将是 0.24 千瓦/平方米。如果令太阳能转化为电的效率是 15%，每平方米的面积将能提供约 0.036 千瓦的电功率，其日平均将能提供 0.4－0.43 千瓦小时的电能。如果沙漠地区每年有 360 天的日照时间，那么每平方米面积的沙

撒哈拉沙漠太阳能发电厂

漠，将能年提供约 150 千瓦小时的电能。85.4 平方公里的沙漠将能年提供 1.28×10^{14} 度电。以火力发电的年运转时为 6400 小时来计算，上述太阳能供电将等价于 2×10^{10} 千瓦的电力装机。如以每标准核电站能提供 10^6 千瓦的电功率来计算，那么 85 万平方公里的沙漠地区将能提供约 20000 座核电站的电功率。某些人估计，到 2050 年，我国可能约需 2500×10^6 千瓦的电力。因此，仅由沙漠地区的 12.5% 的面积，亦即约为 10 万平方公里的面积，就能提供所需要的电力。内蒙古自治区的沙漠和沙漠化面积约为 20－30 万平方公里，所以仅内蒙古自治区的沙漠地区的太阳能就能为中国在

太阳能塔

2050 年以及今后的发展提供所需的足够的电力。到那时，人们会发现过去曾讨厌过的沙漠，现变成了金子般的沙滩。大力开发利用沙漠的时代开始了，人们将在广大的沙漠地区有规划、有计划地建造起一座座太阳能发电站，建立起公共电网，为广大城市和农村源源不

断地输送电能和热能。同时一系列的配套设施也跟上去了,昔日的沙漠将是另一种景象呈现在世人的面前! 沙漠中的海市蜃楼,将成为现实。这样美好的时代一定能很快到来!

天灾还是人祸——沙漠化

背景资料

所谓的沙漠化就是指由于雨水稀少,高温而引起土地干燥,致使草木不能生长,到处是砂子的区域。有名的沙漠有,非洲的沙哈拉沙漠,中国的塔库拉玛干沙漠,北美的索诺拉沙漠,澳洲的大沙漠。当今沙漠化正在以这些沙漠为中心向其他区域扩展,沙漠化的面积已经达到了全球的四分之一。不敢想象要是再照这样发展下去,沙漠的比例将会是现在的 3 倍左右。

沙漠是什么,相信大家都知道。沙漠化是什么,大概你还是一个「?」吧

简单地说,沙漠化就是沙漠越来越扩大的现象,为什么沙漠会往外扩张呢?原因很多,自然的"干燥因素"是主谋,"人类影响"是帮凶。

在一些疏松的沙质地表、较干旱与大风条件的地区,都是沙漠化容易发生的潜在地区。沙漠化现象可能是自然的,作为自然现象的沙漠化是因为地球干燥带移动,所产生的气候变化导致局部地区沙漠化。不过,这些脆弱的自然环境,由于人类的过度开发,如:过度农垦、过度放牧、过度砍伐,还有水资源过度利用和工矿、交通开发过程中忽视对环境的保护,就容易造成沙漠化。

地球、宇宙与空间科学(地理)

再砍，沙要来了

猖狂的沙尘暴

沙漠化导致地表被沙丘、粗沙地、风蚀地所侵占，当风吹起，没有植物固定的沙石，就随风起舞，席卷所经之地，造成恼人的沙尘暴。

全球变暖会令幅沿广宽的干旱土地，变成沙漠或半沙漠。现有的干旱土地，占地球陆地面积约40%，在非洲尤、亚洲、及澳洲等地尤其普遍。这些土地只有很小的雨量，通常靠一些迅速、无常及强烈的风暴来滋润。非洲的撒哈拉沙漠很久以前是一片被绿色覆盖的大地，但是

气候变暖导致占全球40%的干旱地区土地不断退化，目前养活21亿人口的干旱地区中有10%~20%的土地已无法耕种。

由于长年的气候变化，雨水稀少，最终导致土地干燥变成了沙漠。像这样的沙漠，是由气候的变化，大自然的力量而形成的。而过度的耕作、过度牧畜、砍伐林木、及贫乏的浇灌等，大大加剧沙漠化的速度。这从不断增加的风沙和沙尘暴可以反映出来。

土地盐碱化

造成沙漠化的其中还有一个原因就是盐类物质的侵蚀而造成的土地恶化,在农业耕作的时候,往往要对作物进行输水灌溉,如果进行灌溉而不好好排水的话,保含着盐类的地下水水面就会上升,进而蒸发,就会在地面堆积大量的盐分使得土地变得荒瘠。在盐类大量聚集的土地上作物将不能生长,土地就会明显地衰退下去,最终导致沙漠化。

广闻博见

从天而降的警告

1934 年 5 月 12 日,在美国与加拿大的西部发生了震惊世界的特大沙尘暴。这次沙尘暴影响面积之大,达到东西长 2400 公里,南北宽 400 公里,几乎横扫美国 2/3 的领土,从西海岸到东北海岸,刮起了约 3 亿吨表土,其直接后果使美国冬小麦严重减产,比过去 10 年减少 51 亿公斤。美国为什么会发生如此严重的黑风暴事件?其主要原因是美国对本是半干旱气候

条件下的草原植被的破坏,他们将大面积的不宜作为农田的天然草原开垦为农田,种植小麦。由于没有很好的地面覆盖,为沙尘暴形成提供了条件,在一定气候条件下,造成了灾害。自那次事件之后,美国人聪明了起来,对草原加以保护,严禁开垦,取得了很好成效,60 余年来,再没有发生类似的事件。

动一动

巧借实验话盐碱

小小科学家

我来告诉你吧！干旱时节，在地下水位较高的低平地区，或排水不畅的洼地，会出现土壤中的盐分向地表积聚的现象，形成盐碱地。
下面我们一起来做个实验！

盐碱地是怎么形成的呢？

实验器材:两支白粉笔,一瓶墨水,一杯自来水。

实验过程:

(1)取下瓶盖,内装半盖墨水,把一支粉笔直立于瓶盖墨水中,观察发生的现象。

(观察到的现象:墨水沿粉笔慢慢上移;越靠近墨水面的位置,颜色越深;墨水面逐渐下降。)

为什么干粉笔会吸墨水,而湿的就不会呢?

(2)另一支粉笔放入水中浸泡,然后再直立于瓶盖墨水中,观察发生的现象。

(观察到的现象:墨水不沿粉笔上移或上移不明显。)

瓶盖中的墨水相当于地下水,墨水面相当于地下水位,粉笔相当于土壤,墨水沿粉笔慢慢上移相当于含盐地下水沿土壤空隙上升;墨水沿浸泡后的粉笔不上移或上移不明显,可联想到干燥的土壤,水盐易上移,湿润的土壤,水盐不易上移,所以干旱时节,蒸发强烈,土壤干燥,盐地下水沿土壤空隙上升地表,由于蒸发排水不排盐,盐分便在地表积累;越靠近墨水面的位置积墨水越多,可联想到地下水位离地面越近沿土壤空隙上升到地表的盐水越多,水分蒸发后积盐越多,所以地下水位较高且排水条件差的干旱半干旱地区易盐碱化;另一方面墨水面逐渐下降,可联想到由于水盐上移可能导致地下水位逐渐下降。

治治地球的"皮肤病"——沙漠化防治与治理

背景资料

20世纪60年代，随着从北非经过阿拉伯半岛、中亚到我国北方的广大地区进入新一轮的干旱时期，沙漠化问题成为困扰当今世界最重要的环境和社会经济问题。沙漠化给生态环境和社会经济带来了极大的危害：一是破坏生态平衡、使环境恶化和土地生产力严重衰退，危及沙漠化区域人民的生存发展，加重了贫困程度，有的地方已经出现了成批的生态难民；二是导致大面积可利用土地资源的丧失，缩小了中华民族的生存空间，我国每年因沙漠化的扩展导致损失一个中等县的土地面积；三是严重威胁村镇、交通、水利、工矿设施及国防基地的安全，影响工农业生产，每年因沙漠化造成的直接经济损失高达540亿元，严重制约西北地区社会经济的持续发展，也成为全国性的重大生态环境问题。

围剿沙漠草当家

沙漠中自然条件较差，生态环境比较恶劣，对植物生长极其不利，要治理都必须先从草灌木与草本植物的恢复开始，因为灌木与草本植物可适应较严酷的条件。在许多沙漠地区，自然植被主要是灌木与草本植物。沙地治理中一些成功的事例也说明这一点，内蒙古

沙漠中的耐旱植物

伊克昭盟采用杨柴、花棒、柠条、沙打旺、草本栖等获得了成功，为沙漠化防

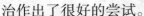

治作出了很好的尝试。

沙漠化造成土地无法耕种利用,如果能让沙漠化逆转,是不是很好呢?

植物固沙是沙漠化整治中一条最基本的整治方法,根据沙地的具体情况,选择与其生理生态相适应的植物种类,实行退耕种树种草,扩大林草比例,控制沙漠化蔓延。

造成沙漠化主因是由于自然的干燥因素,本可储水的土地经过气候变迁或人为过度的畜牧与耕种不存水不耐风寒作物而造成沙漠化。

保持土地的湿润,加强土地的保湿,保湿度大于干燥度应是沙漠化逆转的最关键因素,大量的水分来源与保持应为沙漠化逆转的关键。

土地的保湿最有效法为水分的提供和储水耐风寒植物的耕种。水分的供给可以通过河水、湖泊与地下水的维护来达到延伸、扩建、保持水量的目的;储水耐风寒植物树木的栽种保护自然水源区域的土地与湿度。

沙漠补水变绿洲

小资料

原产干旱或半干旱地区的仙人掌科植物,常具有干旱季节休眠的特性,雨季来临时,它们迅速吸收水分重新生长。

地球、宇宙与空间科学(地理)

储水植物之王——巨人柱

巨人柱是仙人掌科植物，原产美国亚利桑那州等地。本种以挺拔高大著称，其垂直的主干高达 15 米。重达数吨，能活 200 年。茎干具有极强的储水能力。一场大雨过后，一株巨大的巨人柱的根系能吸收大约一吨水。

地球之肾——湿地的功能

什么是湿地呢？

湿地是位于陆生生态系统和水生生态系统之间的过渡性地带，按《国际湿地公约》定义，湿地系统指不问其为天然或人工、长久或暂时性的沼泽地、湿原、泥炭地或水域地带，带有或静止或流动、或为淡水、半咸水或咸水水体，包括低潮时水深不超过六米的水域。

滩涂

湿地包括多种类型，珊瑚礁、滩涂、红树林、湖泊、河流、河口、沼泽、水库、池塘、水稻田等都属于湿地。它们共同的特点是其表面常年或经常覆盖着水或充满了水，是介于陆地和水体之间的过渡带。

地球、宇宙与空间科学（地理）

红树林

沼泽

小实验

湿地作为一种资源，在保护环境方面起着极其重要的作用，让我们一起来做几个小实验吧！

为什么称湿地为"地球之肾"呢？

实验一：

1、将三个相同的矿泉水瓶切开，如右图，瓶口部分倒扣在瓶身上；

2、将小石子、沙子、湿地的土壤等量放在瓶口部分，三个瓶子分别倒入等量的水，并计算出水流的时间；

将矿泉水瓶切开

3、实验结果是小石子瓶流出水的时间最快,沙子次之,湿地的水则一直流不出来。

> 这个实验说明,湿地具有保水功能,湿地的水因为水分子与泥土充分混合,所以水分子无法透地湿地土壤流失。

湿地可以调节降水量不均带来的洪涝与干旱,将过多的降雨和来水存储、缓冲,然后逐步放出发挥着蓄洪抗旱的功能。

实验二:

1、湿地通常分布在陆海交会处,有如海绵一样充满水分;

2、分别将水倒入放海绵和放小石子的容器,然后将没有被吸收的水倒出,计算倒出的水量多少。

> 这个实验说明湿地具有防洪功能。小石子的水倒出的比海绵的多,显示海绵可以吸收水份,让水患不致于快速冲击海岸,造成海岸的破坏及土壤的流失。

湿地植被的自然特性可以防止和减轻对海岸线、河口湾的江河、湖岸的侵蚀,使植被根系及堆积的植物体稳固基地、海浪和水流的冲力削弱,沉积物沉降,促淤造陆速度是裸地的 3 – 5 倍。

实验三:

①将等大的木板或脚踏板抬高约三十度,然后将水与土与草混合的脏水,由上方倒入,计算流出水所需要的时间,看看流出的水是否比流入之前要干净;

地球、宇宙与空间科学(地理)

②实验结果：木板部分的脏污水快速流过，脏的部分还是一样，并没有减少；而用脚踏垫的结果，则是水中的草及土块卡在脚踏垫中，流出的水则较流入的水干净许多。

> 大面积的湿地环境，通常会有许多水生植物生长在其中，这些水生植物则具有将脏污过滤的功能。

湿地中还有许多挺水、浮水和沉水植物，它们能够在其组织中富集金属及一些有害物质，很多植物还能参与解毒过程，对污染物质进行吸收，代谢，分解，积累及水体净化，起到降解环境污染的作用。如同肾能够帮助人体排泄废物，维持新陈代谢一样。

此外，湿地生态系统大量介于水陆之间，具有丰富的动植物物种，如我国40多种一级保护的珍稀鸟类中，约有一半生活在湿地中，我国著名的杂交水稻所利用的野生稻也来源于湿地，所以湿地保持生物多样性的功能，是其他任何生态系统无法代替的。

湿地是鸟类的乐园

知识一点通

湿地公园是指拥有一定规模和范围，以湿地景观为主体，以湿地生态系统保护为核心，兼顾湿地生态系统服务功能展示、科普宣教和湿地合理利用示范，可供人们进行科学研究和生态旅游，予以特殊保护和管理的湿地区域。

广闻博见

国家湿地公园

我国目前有18处国家湿地公园建设试点：

北京市：野鸭湖国家湿地公园；

内蒙古自治区：白狼洮儿河国家湿地公园；

辽宁省：莲花湖国家湿地公园；

吉林省：磨盘湖国家湿地公园；

江苏省：溱湖国家湿地公园；

浙江省：西溪国家湿地公园；

安徽省：太平湖国家湿地公园；

江西省：孔目江国家湿地公园；

山东省：滕州滨湖国家湿地公园；

湖北省：神农架大九湖国家湿地公园；

湖南省：水府庙国家湿地公园、东江湖国家湿地公园；

广东省：星湖国家湿地公园；

海南省：新盈红树林国家湿地公园；

云南省：红河哈尼梯田国家湿地公园；

青海省：贵德黄河清国家湿地公园；

宁夏回族自治区：银川国家湿地公园；

新疆维吾尔自治区：赛里木湖国家湿地公园。

50年来我国因围垦、改造等各种人为活动，丧失了至少40％以上的各类自然湿地，其中绝大部分是生态功能最为强大的沼泽湿地、湖泊湿地和滨海湿地。历史上与长江相连的湖泊有4000多个，而现在仅有3个湖泊与长江相通。湿地调蓄洪水的能力大为降低。

地球也"肾亏"——湿地破坏及保护

近几百年来,湿地遭到了严重破坏。虽说湿地干涸是自然进程的必然结果,但当前不少湿地的迅速消灭与人类不合理的经济活动有重大联系。

(1)土壤破坏是破坏湿地的一大因素。人类不合理使用土地,导致了土壤的酸化与其他形式的污染,这严重破坏了湿地内的生态环境;

(2)环境破坏。比如水污染、空气污染。这一类污染造成了水体营养化、石油泄漏污染等重大破坏,导致成千上万的水生物及鸟类的死亡;

(3)围湖、围海造田。这一类经济活动会直接地减少湿地面积。比如我国洞庭湖。当今地洞庭湖面积与几百年前的形成鲜明对比;

(4)河流改道。这一类工程虽说大大地对农业生产做出了贡献,也对防洪工作起到了巨大作用,但却影响了河流对湿地的水量补给作用。比如我国的一些河流截弯取直工程,就破坏了一些湖泊。

长江两岸干涸的湿地

地球上的生命,主要靠三大生态系统支持,它们分别是森林、海洋和湿地。

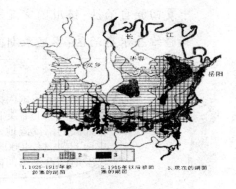

1.1925—1915年被淤塞的湖面　2.1915年以后被淤塞的湖面　3.现在的湖面

洞庭湖在不断萎缩

　　湿地保护工作刻不容缓，林业部门通过建立湿地自然保护区、湿地公园使得45%的天然湿地得到有效保护。大家一起行动起来保护环境，保护野生动植物！

地球、宇宙与空间科学（地理）

人类未来的希望——海洋资源

海洋之所以被誉为人类未来的希望，是因为海洋中有丰富的资源和能源。海洋自然资源有多种多样，在当今全球粮食、资源、能源供应紧张与人口迅速增长的矛盾日益突出的情况下，开发利用海洋中丰富的资源，已是历史发展的必然趋势。

你知道吗？当飞上太空的宇航员回眸我们的地球时，他们发现，地球是茫茫宇宙中一颗美丽的蓝色"水球"。

地球表面积为5．1平方公里，陆地面积1．48亿平方公里，海洋面积为3．62亿平方公里。

我国的万里海疆，不仅美丽，而且富饶。过去曾有多少诗人为它歌唱。它有种类繁多、储量巨大的资源，因而被人们称为"天然的鱼仓"、"蓝色的煤海"、"盐类的故乡"、"能量的源泉"、"娱乐的胜地"。

我们的子孙还能看到这么可爱的精灵吗？

你忍心让这么美丽的地方，这么宝贵的财富消失吗？

让我们共同托起人类未来的希望！

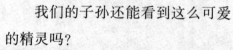

保护液体化工资源——海水

据统计，在海上遇难的人员中，饮海水的人比不饮海水的死亡率高 12 倍。这是为什么呢？原来，人体为了要排出 100 克海水中含有的盐类，就要排出 150 克左右的水分。所以，饮用了海水的人不仅补充不到人体需要的水分，反而脱水加快，最后造成死亡。

海水为什么不能喝？

 **认识海水**

小实验

我家也开海族馆——人工海水的配置

[**人工海水配制知识**] 在海水观赏鱼的饲养中，海水的比重需维持在 1.022~1.023。

[**材料**] 自来水、人工海水盐、海水比重计

[**试验**] ①将自来水晾晒七天，待水中氯气挥发尽后备用；

②依据水的数量计算出所需人工海水盐的数量，将人工海水盐直接溶解于水族箱中；③刚配制的人工海水，水质不稳定，水色也比较混浊，每隔 12 小时对水质进行一次测量，通过兑水或增加海水盐的方法，将人工海水的比重维持在合适范围。

地球、宇宙与空间科学（地理）

海水是名副其实的液体矿藏，平均每立方公里的海水中有 3570 万吨的化学物质，目前世界上已知的 100 多种元素中，80% 可以在海水中找到。这些元素多以盐的物质形态存在，其总储量约 5 亿亿吨。该物质的主体是氯化钠（食盐），储量约 4 亿亿吨，其次是硫（以硫酸盐的形式存在）、镁、钙、钾、碳、溴、硼（以硼酸形式存在）、锶和氟等。以上 10 种元素占海水含盐量的 99% 以上。即使以 Na、Mg、Cl、SO_{42} - 计，亦占总量的 97%，因此最简单的人工海水就是由 "$NaCl + MgSO_4$" 配置而成。其他元素的含量很少，但由于海水体积巨大，所以海水中，这些元素的总储量也很可观。例如，海水中金的储量约有 500 万亿吨、铀 45 亿吨、镁 1800 万亿吨、溴 95 万亿吨、钾 500 万亿吨、碘 930 亿吨、铷 1900 亿吨、锂 2600 亿吨、银 5 亿吨。此外，海水中还含有 200 万亿吨重水，是核聚变的重要原料。所以，海洋化学资源相当丰富，储量巨大。海水还是陆地上淡水的来源和气候的调节器，世界海洋每年蒸发的淡水有 450 万立方公里，其中 90% 通过降雨返回海洋，10% 变为雨雪落在大地上，然后顺河流又返回海洋。

小资料

海水的颜色

海水的颜色是由海水对太阳光线的吸收、反射和散射造成的。我们知道：太阳光是由红、橙、黄、绿、青、蓝、紫七色光复合而成，七色光波长长短不一，从红光到紫光，波长由长渐短，其中波长长的红光、橙光、黄光穿透能力强，最易被水分子

蓝色的海

所吸收。波长较短的蓝光、紫光穿透能力弱，遇到纯净海水时，最易

被散射和反射。又由于人们眼睛对紫光很不敏感，往往视而不见，而对蓝光比较敏感。于是，我们所见到的海洋就呈现出一片蔚蓝色或深蓝色了。如果打一桶海水放在碗中，则海水和普通水一样，是无色透明的。

黄海

其实海水看上去也不全是蓝色的，而是有红、黄、白、黑等等，五彩缤纷。因为海水颜色除了受以上因素影响外，还会受到海水中的悬浮物质、海水的深度、云层等其他因素的影响。如我国的黄海，看上去一片黄绿，这是因为古代黄河夹带的大量泥沙将海水"染黄"了。虽然现在黄河改道流入渤海，但黄海北部有宽阔的渤海海峡与之相通，加之它还有淮河等河水注入，故海面仍呈浅黄色。

 沙漠补水变绿洲

煮海为盐

我国海盐生产发展很快，现在沿海 11 个省、自治区、直辖市都有盐田，盐田面积比建国初期有了大幅度增长。所生产的海盐质量也不断提高，品种越来越

多。除原盐外，已投入批量生产的有洗涤盐、粉碎洗涤盐、精制盐、加碘盐、餐桌盐、肠衣盐、蛋黄盐和滩晒细盐，并在试制调味盐、饲畜用盐砖等。

> **小资料**
>
> ## 我国四大海盐产区
>
> ①长芦盐区：长芦盐区的盐场主要分布在乐亭、滦南、唐海、汉沽、塘沽、黄骅、海兴等县区内。其生产规模（包括盐田面积、原盐生产能力和盐业产值等）占全国海盐的25%～35%。
>
> ②辽东湾盐区：辽东湾盐区有复州湾、营口、金州、锦州和旅顺5大盐场，其盐田面积和原盐生产能力占辽宁盐区的70%以上。
>
> ③莱州湾盐区：该区是山东省海盐的主要产地。
>
> ④淮盐产区：跨越连云港、盐城、淮阴、南通4市的13个县、区。
>
>
>
> 盐田   盐场

海水变肥料

海水中含有蔬菜所需要的元素钠，但因海水盐分高，与淡水以一定比例配比使用可以浇灌蔬菜，不仅能够解决干旱季节蔬菜的缺水问题还提高了蔬菜的产量。

钾元素在海水中占第六位，共有600万亿吨。氯化钾，是我们从海水中提取的肥料。钾肥肥效快，易被植物吸收。另外，从海水中提出的各种盐类的复合盐或混合盐还有钾镁肥（氯化钾、氯化镁、氯化钠、硫酸镁等的混合盐）、钠镁肥（氯化钠、氯化镁、硫酸镁等的混合盐）、氢镁肥（氢氧化镁、硫酸镁、硫酸钾、氯化镁等的混合物）。有些地区还以盐池中的盐皮（主要成分是硫酸钙或石膏）、青苔皮和洗池液（混合盐卤）用作肥料，施于缺乏钙、镁的土壤。

小资料

烟花的制造与钾盐

在烟火的发射筒里装有两组黑火药，黑火药大约是 75% 的硝酸钾、15% 的碳及 10% 的硫。烟火为什么会五光十色？这是它内部所配好的金属或化合物着色剂燃烧后的颜色。而其中钾化合物就是紫光的着色物。

烟火

海水提溴

地球上 99% 以上的溴都在海水中，可谓源源溴素海中来。海水中溴含量约为 65 毫克/升，总量达 100 万亿吨。海水提溴是从海水中提取元素溴的技术。溴及其衍生物是制药业和制取阻燃剂、钻井液等的重要原料，

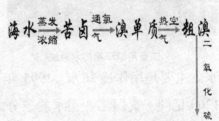

需求量很大。海水提溴技术有水蒸气蒸馏法、空气吹出法、溶剂萃取法、沉淀法、吸附法等，其中空气吹出法和水蒸气蒸馏法为国内外所普遍采用。

摄取海洋甘泉——海水淡化和海水直接利用技术

海水淡化就是从海水中取得淡水的过程。表面看海水淡化很简单，

只要将咸水中的盐与淡水分开即可。最简单的方法，一个是蒸馏法，将水蒸发而盐留下，再将水蒸气冷凝为液态淡水；另一个是冷冻法，即冷冻海水使之结冰，在液态淡水变成固态冰的同时盐被分离出去。此外还有反渗透法，太阳能法，低温多效法，多级闪蒸法等。

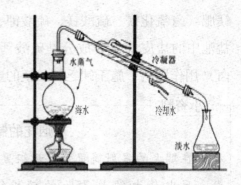

蒸馏法淡化简易装置

工业用循环冷却水系统

有人提出海水是否可以直接利用呢？这个想法很有道理。尽可能的直接利用海水，的确是缓解淡水不足的一个重要途径。现在，海水直接利用主要在三个方面：工业冷却水，大生活用水和低盐度海水灌溉农作物。日本工业用水量的 80% 是直接利用海水。主要是用作冷却水。1995 年度，仅日本电力工业使用海水就超过 1200 亿吨。美国工业用水的三分之一是海水。我国大连、天津、青岛的发电厂，用海水作冷却水，每年约 20 亿吨，与日本、美国相比，实不足道。不过，这也说明，我国沿海工业城市直接利用海水的潜力是很巨大的。

大生活用水是指除饮用、沐浴、洗衣服之外的生活用水，例如冲马桶、消防用水等。海水灌溉，世界上许多国家都在试验。最令人向往的是培育可以用普通海水灌溉的农作物。

可以燃烧的海水——海洋核能原料

背景资料

第二次世界大战后期，美国率先制造出两颗原子弹，急急忙忙地丢在了日本的广岛和长崎，向世人显示了原子核的巨大能量。战后不久，原苏联和美国又先后试验爆炸了比原子弹威力更大的氢弹。

原子弹的能量是重元素的原子核分裂变化时释放出来的。氢弹的能量是轻元素的原子核聚合变化时释放出来的。能够发生裂变反应的最佳物质是铀，能够发生聚变反应的最佳物质是氚。这两种物质的绝大部分赋存在海水里。

蔚蓝的海水，巨大杀伤力的核武器，很难想像这两种东西能有什么密切的联系。然而，事实上，海水中含有几十亿吨的铀，而铀正是制造核武器的主要原材料。海水中的铀多达45亿吨，是已知陆地铀矿储量的4500倍。陆地铀矿很稀少。海水提铀在技术上是可行的。海水将成为铀

核聚变装置

材料的主要来源。海水提铀的方法很多，目前最为有效的是吸附法。氢氧化钛有吸附铀的性能。利用这一类吸附剂做成吸附器就能够进行海水提铀。

氚是氢的同位素，化学性质与氢一样，但是一个氚原子比一个氢原子重一倍，所以叫做"重氢"。氢二氧一化合成水，重氢和氧化合成的水叫做"重水"。是核反应堆运行不可缺少的辅助材料，也是制取氚的原料。蕴藏在海水中的氚有50亿吨，以氚为原料的热核电站要是能建成，那么人类持续发展的能源问题一劳永逸地解决了。

想一想

皮球在浪里能漂多远

小小科学家

如果把一个皮球扔到波动的海里，皮球能跟随波浪漂多远？

你能回答这个问题吗？在这里，我们还得想一想田野里的麦浪。麦田里，尽管麦浪翻滚，可是麦子还是牢固地扎根在泥土里，麦穗还是牢牢地生长在麦杆上。在发生麦浪的时候，麦穗只是在本身的位置附近摇摆，所有摇摆的麦穗合起来，就构成了波动的形状。

这种现象并不只限于麦浪。你可以拿一条长绳子来。一端固定在墙上，一端握在手里用手腕轻轻抖一抖，就会有一个波顺着绳子向前运动。这个波引起了整条长绳的运动，但是，绳子本身并没有向前移动。

现在再回到海里的皮球。如果注意观察就会发现，皮球在水中只随着波浪上下颠簸和左右摇摆（见图）。当波峰传过来的时候，皮球被向上举起来，还随着波浪向前移动了一点距离；在波谷到来时，皮

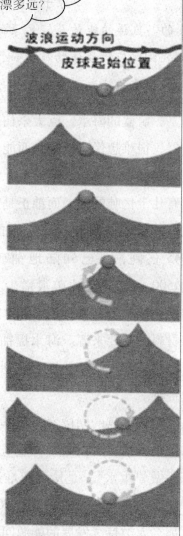

波浪运动方向
皮球起始位置

球被抛下来，还向后回到了原来的位置。这样的结果，一个波传过去了，也就是说波形向前移动了，而皮球还在原地没有前进，只是随着波动做了一个圆周运动。

呵护海的儿女——海洋生物资源开发利用

生长在海的怀抱——海洋生物

　　浩瀚的海洋是孕育生命的摇篮，它哺育着形形色色的海洋动物。这其中有闪闪发光的夜光虫和身体晶莹透明、随波逐流的水母，有美丽无比的珊瑚、五彩缤纷的海葵和"顶盔贯甲"的虾蟹，有"喷云吐雾"的乌贼、名贵的海参，还有千奇百怪的鱼

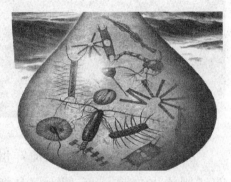

浮游生物

类古老的海龟和憨态可掬的海豹，更有聪明灵巧的海豚和硕大无比的巨鲸……它们共同生活在这熙熙攘攘的海洋大家庭里，组成光怪陆离的海洋动物大千世界。

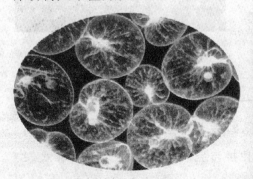

海洋植物——海藻

棘皮动物——海星

节肢动物——黄帝蟹

哺乳动物——海豚

爬行动物——海龟

海马

海洋植物可以称得上是海洋世界的"肥沃大草原"。它们不仅是海洋中鱼、虾、蟹、贝、鲸等动物的美味佳肴，而且还是人类理想的绿色食品；它们不仅是藻胶工业和农业肥料的提供者，而且还是制造海洋药物的重要原料。

鱼

小资料

会爬树的鱼——弹涂鱼

弹涂鱼鳃腔很大，鳃盖密封，能贮存大量空气。它的皮肤亦布满血管，血液通过极薄的皮肤，能够直接与空气进行气体交换，喜欢爬到红树的根上面捕捉昆虫吃。因此，人们称之为"会爬树的鱼"。

地球、宇宙与空间科学（地理）

世上最毒生物之一——海蛇

海蛇的毒性很大，非常危险，并且目前没有可以解这种毒的药物。

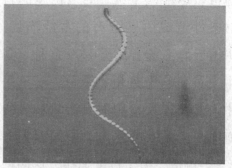

分身有术——海星

海星是棘皮动物中的重要成员。五条腕的海星形状很像五角星，它的口位于口面（腹面），肛门在反口面（背面）。海星腹部着地，五条腕伸开在浅海的沙地或岩石上不慌不忙地用数目众多的管足（海星的运动器官）爬行。它的捕食的方法十分

海星

奇特，当它用腕和管足把食物抓牢后，并不是送到嘴里"吃"，而是把胃从嘴里翻出来，包住食物进行消化，待食物消化后，再把胃缩回体内。海星的绝招是它分身有术，若把海星撕成几块抛入海中，每一碎块会很快重新长出失去的部分，从而长成几个完整的新海星来，所以断臂缺肢对它来说是件无所谓的小事。

 海洋生物资源大开发

◆**海洋渔场和海产品**

我国有丰富的海洋渔场，东、南两面为海洋环绕。中国沿海自北向

南划分为渤海、黄海、东海、南海四个海区，跨越温带、暖温带、亚热带、热带四个气候带。优越的自然条件造成中国近海的富饶渔场。中国近海渔场有鱼类1700多种。其中大黄鱼、小黄鱼、带鱼、墨鱼是中国人民喜欢食用而且产量较大的海洋水产品，被称为"中国四大海产"。可惜，由于过度捕捞，这四种海洋水产资源都有不同程度的衰退。这件事告诉我们，生物资源开发利用不能过量，应当做到"适度"。

海产品由于种类很多，其营养价值各不相同。鱼、虾、蟹等类海产品富含蛋白质，其蛋白质含量一般在17%－20%左右，蛋白质中氨基酸组成及含量适合人体需要，是膳食中蛋白质的良好来源。海鱼特别是深海鱼如鲑鱼、雪鱼、沙丁鱼等，含有多种

海洋渔场

捕鱼

不饱和脂肪酸，对人体健康大有裨益。

海洋的食物资源是陆地的1000倍，它所提供的水产品能养活300亿人口。可是目前人类利用的海洋生物资源仅占其总量的2%，还有很多可食资源尚未开发，这是一座极其诱人的人类未来食品库，为了人类自己我

中国近海渔业捕捞的主要水产品

们要保护海洋。

小知识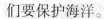

海八珍

在众多的海产品中，燕窝、海参、鱼翅、鲍鱼、鱼肚、干贝、鱼唇、鱼子，被视为宴席上的上乘佳肴，俗称"海八珍"。

燕窝：燕窝是生活在南洋群岛及我国南海诸岛的金丝燕所吐的黏液腺垒筑成的窝巢，其颜色洁白，呈半透明。是珍贵的佳肴，又是名贵药材，文字有补肺养阴之功效。

海参：海参属棘皮动物，是典型的高蛋白、低脂肪、低胆固醇食物，具有补肾、抗癌、美容、益智、增强体力这功效。

鱼翅：鱼翅就是鲨鱼鳍中的细丝状软骨。丝状体洁白透明，富有弹性，从现代营养学的角度看，鱼翅（即软骨）并不含有任何人体容易缺乏或高价值的营养，所以吃鱼翅是一种中国特有的文化现象。

鲍鱼：鲍鱼同鱼毫无关系，倒跟田螺之类沾亲带故，它肉质鲜美，营养丰富，鲍壳是著名的中药材－－石决明，古书上又叫它千里光，有清热、平肝息风、名目之功效。

鱼肚：鱼肚是用鱼的鳔加工而成，鱼肚不仅是名菜佳肴，且有较

好的药用价值。具有补气血、润肺健脾、滋肝养胃、止血抗癌等功效，最适合老年人食用。

干贝：即扇贝的干制品，富含蛋白质、碳水化合物、核黄素和钙、磷、铁等多种营养成分，蛋白质含量高达61.8%，为鸡肉、牛肉、鲜对虾的3倍。矿物质的含量远在鱼翅、燕窝之上，具有滋阴补肾、和胃调中功能。

鱼子：即鱼卵，是一种营养丰富的食品，其中有大量的蛋白质、钙、磷、铁、维生素和核黄素，也富有胆固醇，是人类大脑和骨髓的良好补充剂、滋长剂。

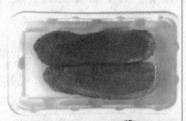

鱼唇：采用鲨鱼、鳐鱼等软骨鱼类的唇部加工而成，含有大量的胶质蛋白，具有滋阴美容之功效。

◆开发人类药物宝库

科学家们对海洋资源的开发研究表明，占地球表71%的海洋是一个蕴藏许多高效药理活性物质的巨大宝库。"向海洋要新药"已成为药学研究的新课题。我国是最早应用海洋药物的国家之一，2000多年前的《黄帝内

乌贼骨

经》中就有乌贼骨、鲍鱼治病的记载。《本草纲目》等著作中涉及的海洋生物多达百余种，目前使用的中成药中30%来自海洋。我国民间也有不少海洋药物治病的验方。例如乌贼骨止血、黄鱼胶治皲裂、海星治胃病、鲍鱼壳治高血压等。海龟的药用价值也很高，龟板和龟掌加工后可治疗胃

龟板

病、失眠、健忘、眼肿病、肝硬化和高血压；龟肉加工后可治疗气管炎、哮喘、干咳；龟肝煮熟后，可治疗慢性肠出血；龟蛋煮粥食用可治痢疾；龟油外敷可治疗烫伤；龟胆汁对肉瘤有抵制作用。

螺旋藻

90年代风靡世界的螺旋藻健康食品堪称海洋绿色保健食品的代表之一。这些食品营养丰富，提供热量，且可调节人体生理机能，促进新陈代谢。1969年7月16日，美国发射"阿波罗"火箭，实现人类第一次登月时，三名宇航员的食品袋里就有螺旋藻食品。海洋微藻食品，开发前景最为诱人。

现代海洋药物开发的主要方法是从海洋生物体内提取活性物质制成药品，重点在于提取能抗癌、抗心脑血管硬化的活性物质方面。例如，从某种海藻在中能够提取防血凝、降胆固醇的活性物质，制成防治高血压、血管硬化的药物。从海绵和海参中提取抑制肿瘤药剂。从松鱼和金枪鱼体内提取胰岛素用于治疗糖尿病。

◆蓝色牧场——人工养殖

海洋鱼类资源的减少，人们对海产品需求量的增加，导致人工养殖业的出现。海水养殖的基本方法，就是在浅海或滩涂、海岸上，人工创造一种适于海洋动物生长的环境，并设法把养殖的动物与野生动物分隔开，投放人工饲料，按时把动物育肥，成为能够上市销售的水产品。鱼、虾养殖主要是用"网箱"方法和"池塘"方法。网箱是设置于浅海天然海水环境中的金属网制作的箱笼；养鱼池、养虾池是在滩涂或海岸荒地上挖掘的通海水的池塘。

网箱养鱼

池塘养鱼

你知道吗？

家养金鱼技巧

你养过金鱼吗？你知道哪些养鱼技术呢？

①水。干净的湖水、河水、井水、泉水、自来水都可以用来饲养金鱼，一般养鱼者都习惯用盛器准备好清水备用，而不是临时找水取来就用。鱼缸内的水需要更换，每天早晨可抽去水底下的污物，约抽出四分之一至三分之一的水，再对进备用的新水。

②饲料。最好喂鲜活的鱼虫，或者喂鱼虫干，其他如饭粒、面包

屑、馒头屑、蟹籽（需用开水浸泡·之后使用），都可以作为金鱼的饲料。喂料每天一次。

③鱼缸。家庭中以玻璃鱼缸为佳，清晰透明，便于观赏。

你也可以养

 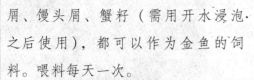

龙宫探宝——*海洋矿产资源*

打一成语：孙悟空龙宫借宝

不知道吧？哈哈

海洋是个"聚宝盆"，为人们提供了丰富的生产、生活和空间资源，我们在开发海洋矿产资源同时，要保护好海洋环境。

嗯…
有借无还

◆保住"黑金"和"蓝流"——海底油气资源

海底蕴藏着丰富的石油和天然气资源。世界石油极限储量 1 万亿吨，可采储量 3000 亿吨，其中海底石油 1350 亿吨；世界天然气储量 255 ~

280 亿立方米，海洋储量占 140 亿立方米。上世纪末，海洋石油年产量达 30 亿吨，占世界石油总产量的 50%。

但随着石油的发现和使用，石油污染相伴而生。据统计，每年通过各种渠道泄入海洋的石油和石油产品，约占全世界石油总产量的 0.5%，倾注到海洋的石油量达 200 万吨～1000 万吨，由于航运而排入海洋的石油污染物达 160 万吨～200 万吨，其中 1/3 左右是油轮在海上发生事故导致石油泄漏造成的。海洋石油污染危害是多方面的. 如在水面形成油膜. 影响了海洋对大气中二氧化碳等温室气体的吸收，使温室气体相对增多，进一步导致全球变暖；油类粘附在鱼类、藻类和浮游生物上，致使海洋生物死亡，并破坏海鸟生活环境，导致海鸟死亡和种群数量下降。石油污染还会使水产品品质下降，造成经济损失。

南海石油平台

谁给海洋换了衣服？

谁给海鸟换了衣裳——被浮油污染的鸬鹚

对于海洋的石油污染，我们该怎么办？

清除海洋、江河、湖泊石油污染是非常困难的。防止油水合二为一的唯一选择是喷洒清除剂，因为只有化学药剂才能使原油加速分解，形成能消散于水中的微小球状物。清除水面石油污染还有一些物理方法，如用抽吸机吸油，用水栅和撇沫器刮油，用油缆阻挡石油扩散。对收集上来的污水以及石油工厂排出来的石油污水还可以采用生物处理法。生物处理法也称生化处理法。生物处理法是处理废水中应用最久、最广和相当有效的一种方法。它是利用自然界存在的各种微生物，将废水中有机物进行降解，达到废水净化的目的。

你知道吗？

如何快速去除衣物上的油渍？

①衣服上新鲜酱油渍应先用冷水搓洗后，再用洗涤剂洗。衣服上的陈旧酱油渍可在洗涤剂溶液里加入适量氨水进行清洗，也可以用2%的硼砂溶液来清洗。最后用清水漂洗。

②服装上的红墨水渍，先用水洗后，再用10%的酒精水溶液擦拭去除。

③服装上极难清洗的霉斑应使用35－60摄氏度的热双氧水溶液或者漂白粉溶液擦拭，再用水漂洗干净。

④衣服上的动植物油渍要用溶剂汽油、四氯乙烯等有机溶液擦拭或刷洗去除。

⑤衣物上的汗渍：可用25%浓度的氨气水水溶液洗涤。也可以先将衣物放在3%浓度的盐水里浸泡几分钟，用清水漂洗净，再用洗涤剂洗涤。

地球、宇宙与空间科学（地理）

◆现代淘"金"宝地——海滨砂矿

滨海砂矿中含量最多的是石英矿物。它和说是唾手可得，取之不尽。石英正日益成为冶金、化工、电器部门的"原料巨人"。熔融石英则是制造紫外线灯管不可缺少的材料，从石英中提取的硅，被广泛应用于无线电技术、电子计算机、自动化技术和火箭导航方面，是整流元件和功率晶体管的理想材料。海砂中的金刚石也很诱人。金刚石是一种最坚硬的天然物质，向有"硬度之王"的称号。金刚石最大的用途，是用于制造勘探和开采地下资源的钻头，以及用于机械、光学仪器加工等方面。近年，人们还

石英

金刚石

发现金刚石是一种半导体，并已应用于电子工业和空间技术等方面。从海砂里，还可以分选出金红石、钛铁矿、砂金、锆矿石、磁铁矿、锡矿、黑钨砂、钶钽铁矿、石榴石、磷灰石等矿物。

我国的滨海砂矿储量十分丰富，近30年已发现滨海砂矿20多种，其中具有工业价值并探明量的有13种。各类砂矿床191个，总探明量达16亿多吨，矿种多达60多种，几乎世界上所有海滨砂矿的矿物在我国沿海都能找到。具有工业开采价值的钛铁矿、锆石、金红石、独居石、磷钇矿、金红石、磁铁矿和砂锡等。

◆像土豆一样紧密排列——多金属结核

多金属结核分布在世界大洋底部水深3500—6000米海底表层。它的

外形是暗褐色，形如土豆的结核状软矿物体，直径一般为 3—7 厘米。多金属结核含有锰、铁、镍、钴、铜等几十种元素。世界洋底储藏的多金属结核约有 3 万亿吨，仅太平洋就达 1.7 万亿吨。锰结核密集的地方，每平方米面积上有 100 多公斤，简直是一个

尝试到海底探宝

挨一个铺满海底。锰结核不仅储量巨大，而且。还会不断地生长。生长速度因时因地而异，平均每千年长 1 毫米。以此计算，全球锰结核每年增长 1000 万吨。锰结核堪称"取之不尽，用之不竭"的可再生多金属矿物资源。

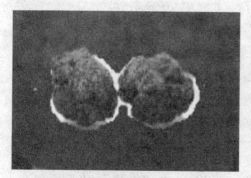

球状锰结核

葡萄状锰结核

◆海底"黑烟囱"——热液矿床

自 70 年代起，一些国家的海洋调查就先后在大西洋中脊、太平洋海隆和印度洋中脊等几十处海域发现了海底热液活动及其硫化物矿床，美国科学家 Bischoff 博士等 3 人乘"Alvin"号在东太平洋海隆（北纬 21°左右）

热液硫化物

进行海底热泉考察，首次意外地发现，在水深 2500～2700 米海底的现代热液喷溢口周围存在许多长柱状、短柱状的"黑烟囱"。这些"烟囱"是海底热液嗌口喷出大量含多金属硫化物岩浆，经海水冷却形成的沉淀物一柱状"烟囱"。由于"烟囱"的沉淀物中含有工业价值的矿物，特别是黑"烟囱"类多金属块状硫化矿物，普遍含大量 Cu、Pb、En、Fe、Co、Ni 外，还富含 Au、Ag、Pf 等贵金属。因此，有人称黑"烟囱"为"海底金库"。

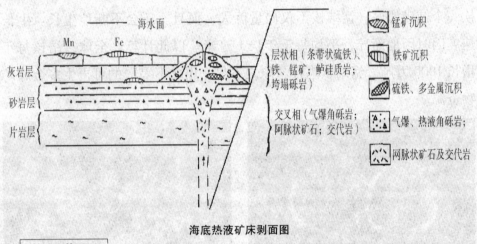

海底热液矿床剥面图

你知道吗？

海底烟囱喷溢口的温度高达 300～350℃，在"烟囱"的周围都存活着长管虫、蠕虫、蛤类、贻贝类，还有蟹类、水母、藤壶等特殊的生物群落。群落的不同生物种类的分布主要受水温控制，它们一般围绕喷溢口中心呈环带状分布。在离喷口不远水温 60～120℃ 处，是大量的细菌和古细菌微生物；水温 20～50℃ 间，生活着大量的蠕虫动物；水 2～15℃ 间各种生物门类都有，主要是管状蠕虫、双壳类和蛤类。科学家推测，海底喷溢口周围大量细菌微生物体内细胞有一种特殊的"嗜热基因"，可为其它生物的生存提供丰富的营养饵料。

长管虫

◆ 可燃冰

可燃冰是"天然气水合物"的俗称。它是甲烷类天然气被包进水分子中，在低温高压条件下形成的透明结晶，多呈白色或浅灰色。因为外貌类似冰雪，可以像酒精块一样燃烧，故人们称它为"可燃冰"。它的热值很高，据估算，1 立方米"可燃冰"释放出的能量相当于 164 立方米的天然气。可燃冰完全燃烧后只剩下二氧化碳和水，几乎不会造成任何污染，是一种既清洁又高效的绿色能源。

"可燃冰"大多埋藏在海底的岩石中，那里的储量是陆地的 100 倍以

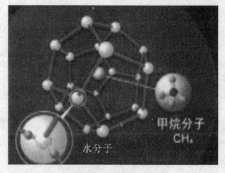

甲烷分子
CH₄

水分子

可燃冰

上，这给开采和运输带来极大困难。有学者认为，在导致全球气候变暖方面，甲烷所起的作用比等量的二氧化碳要大 10～20 倍。而可燃冰矿藏哪怕受到极小的破坏，都足以导致甲烷气体大量泄漏。另外，陆缘海边的可燃冰开采起来十分困难，一旦发生井喷

事故，就会造成海啸、海底滑坡、海水毒化等灾害。因此，开发可燃冰的最大难点是保证井底稳定，使甲烷气不泄漏，不引发温室效应。

地球、宇宙与空间科学(地理)

开辟第二生存空间——海洋空间

…在海底建设城市，以开拓人类的生存空间，也都将要由幻想变成现实

1978 年由 17 国联合组织的维也纳国际应用系统分析研究所的一份报告估计："地球表面对人口的负载能量最大可能达 1 000 亿，以现在的人口增长速度，3000 年后即可达到。到时有 2/3 的人口应该住在海上。"

海洋覆盖地球 2/3 以上的表面积，拥有广阔的空间资源。它不仅能为海洋生物提供生存空间，也许将来它还会为人类生存提供空间。也许将来，用铝、镁等轻型合金建造的人类住房——三维高层建筑会屹立在海面之上，人类会在海洋上空建造出更具现代化的空间城市。

你知道吗?

海洋空间利用

海洋空间按其利用目的，可以分为：生产场所，如海上火力发电厂、海水淡化厂、海上石油冶炼厂等；贮藏场所，如海上或海底贮油库、海底仓库等；交通运输设施，如港口和系泊设施、海上机场、海底管道、海底隧道、海底电缆、跨海桥梁等；居住及娱乐场所，如海上宾馆、海中公园、海底观光站及海上城市等；军事基地，如海底导弹基地、海底潜艇基地、海底兵工厂、水下武器试验场、水下指挥控制中心等。

按照这些海洋工程的结构，又可以分为两大类：一类是建在海底、露出海面或潜于水中的固定式建筑物；一类是用锁链锚泊在海上的漂浮式构筑物。

◆人工岛、海上城市、海上机场

人工岛是在浅海水域中人工建造的陆地。

人工岛、海上城市、海上机场都是人们为了居住、生活、娱乐和工商业活动而建筑的大面积的海上设施。建设人工岛、海上城市、海上机场是为了特殊的需要。

人工岛大多数建于近岸海域，用作海上作业的场所，或用于建设海上公园等。古代的人工岛，有为盐业工人在大潮或风暴潮时避难而建筑的潮墩，有为渔民等候潮水、贮存淡水、整理渔具和躲避暴风雨的渔墩，也有为海防需要而建造的烟墩。现代的人

海上人工岛——朱美拉棕榈岛

工岛用途广泛，可建深水港、飞机场、大型电站、核电站、炼油厂、选矿厂、冶炼厂、水产加工厂、纸厂、废品处理厂、水文气象观测站以及毒品或危险品仓库等。建筑人工岛的施工方法，有先抛填石块或混凝土

块等之后护岸的，也有先围海后填沙土和构筑的。近岸的人工岛，大多有栈桥或海底隧道与岸相连。

你知道吗？

世界第八奇迹——史上最大人工岛朱美拉棕榈岛

从高空俯瞰阿联酋的迪拜，依稀可见两棵巨大的棕榈树漂浮在蔚蓝色的海面上。仔细辨认，棕榈树竟是由一些错落有致、大大小小的岛屿组成。除棕榈树外，还能看到由 300 个岛屿勾勒的一幅世界地图。缩小的法国、美国佛罗里达州、俄亥俄州都包括在内，甚至原本冰雪覆盖的南极洲也处在当地的炎炎烈日之下。然而，这一派奇特景象并非大自然的鬼斧神工，它是迪拜雄心勃勃的人工岛计划－－棕榈岛工程的一部分。这项计划耗资 140 亿美元，预计将于 2009 年完工。届时，世界上最大的人工岛将完全浮出海面。

海上城市，构想中未来新兴城市的发展形式之一，是半潜式漂浮于海上的钢铁建筑。在未来建设海上城市是解决人类居住问题的重要途径。人们设计了一种锥形的四面体，高二十层左右，飘浮在浅海和港湾，用桥同陆地相连，这就成为海上城市。它实际上是一种特殊的人工岛。

海上城市

海上机场不仅能减轻地面的空运压力，减少飞机噪声和废气对城市的污染，而且还可以使飞行员视野开阔，保证了起飞和降落时的安全。

海上巨无霸——*航母*

海上机场的建造方式有：填海式、浮动式、围海式和栈桥式。填海式即在海上建人工岛，在岛上建机场。如美国的夏威夷机场，新加坡的樟宜机场，日本的长崎机场……浮动式机场是漂浮在海面上的一种机场。围海式机场是在浅海的海滩上修建闭合式的围堤，然后将堤内海水抽干，在海底修建机场。

海上机场跑道

这种机场自然低于海平面，造价低于填海式和浮动式机场，但其缺点是致命的，一旦堤毁水淹，机场就遭灭顶之灾，因此这种机场至令尚在论证之中。栈桥式机场采取栈桥建造技术，就是先将桩打入海底，在钢桩上建造高出海平面一定高度的桥墩，在桥墩上建造飞机场。如：美国纽约的拉瓜迪亚机场，在 13 米深的水中，共打下了三千多根钢管柱。

◆海底隧道和跨海大桥

为了沟通海峡、海湾之间的交通和联络，克服水面轮渡费时和易受天气影响的矛盾，美国、西欧、日本、中国的香港九龙等地兴建了海底隧道。这些海底隧道多数是陆地铁路交通的组成部分，有些是城市地铁与汽车的通道。海底隧道不占地，不妨碍航行，不影响生态环境，是一种非常安全的全天候的海峡通道。全世界已建成和计划建设的海底隧道有 20 多条，从工程规模和现代化程度上看，当今世界最有代表性的跨海隧道工程，莫过于英法隧道、青函隧道和日韩对马海峡隧道。

海底隧道的开凿，使用巨型掘岩

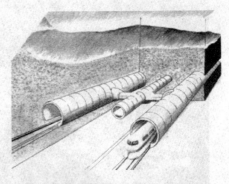

海底隧道立体示意图

施工中的海底隧道

巴林沙特阿拉伯跨海大桥：曾经是世界上最长的海面高架跨海大桥，全长 25 公里。整个工程总费用近 10 亿美元，建设工期历时 5 年零两个月，于 1986 年 11 月正式通车。

钻机，从两端同时掘进。掘岩机的铲头坚硬而锋利，无坚不摧。钻孔直径与隧道设计直径相当，每掘进数 10 厘米，立即加工隧道内壁，一气呵成。为保证两端掘进走向的正确，采用激光导向。在海底地质复杂，无法这样掘进的情况下，就采用预制钢筋水泥隧道，沉埋固定在海底的方法。

海底隧道耗资巨大，施工期长。

海峡通道工程，跨海大桥更为普遍一些。目前，世界上较大的跨海大桥已达 30 多座。我国的杭州湾跨海大桥全长 36 公里，是当今世界上最长的跨海大桥，也是世界建桥史上的一项创举和奇迹。

> **小资料**
>
> ### 聚集世界第一——杭州湾跨海大桥
>
> 杭州湾跨海大桥是一座横跨中国杭州湾海域的跨海大桥，它北起浙江嘉兴海盐郑家埭，南至宁波慈溪水路湾，全长 36 公里，使之超过了美国切萨皮克海湾桥和巴林道堤桥等世界名桥，而成为目前世界上已建成或在建中的最长的跨海大桥。
>
>
>
>
>
> 大桥按双向六车道高速公路设计，设计时速 100 公里/h，设计使用年限 100 年，总投资约 140 亿元。大桥是中国自行设计、自行管理、自行投资、自行建造的，工程创 6 项世界或国内之最，是世界建桥史上的一项创举和奇迹。大桥在设计中首次引入了景观设计的概念。景观设计师们借助西湖苏堤"长桥卧波"的美学理念，兼顾杭州湾水文环境特点，结合行车时司机和乘客的心理因素，确定了大桥总体布置原则。整座大桥平面为 S 形曲线，总体上看线形优美、生动活泼。从侧面看，在南北航道的通航孔桥处各呈一拱形，具有了起伏跌宕的立面形状。

大桥的建设有利于主动接轨上海,扩大开放,推动长江三角洲地区合作与交流,有利于促进江、浙、沪旅游发展的需要。

◆ 海底电缆和光缆

利用海底空间铺设电缆已有 100 多年的历史。海底电缆是用绝缘外皮包裹的导线束铺设在海底,分海底通信电缆和海底电力电缆。前者主要用于通讯业务,后者主要用于水下传输大功率电能。

我国是个海洋大国国,沿海分布有 6000 多个岛屿,沿海又是我国经济发达区,岛屿发展急需用电,由于建设电站成本高、周期长,再加上燃料供应困难等因素,故此,对中小型海岛的供电、通信(尤其是军用保密通信)都需要通过海底电缆来解决。

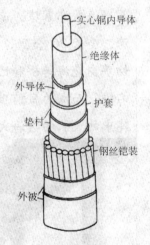

海底电缆示意图

在传统海底同轴电缆的生产、铺设和维修的技术基础上,海底光缆应运而生。光缆是一种目前比较理想的通信介质,是用硅石构成的很多细丝,其外面用一种折射率低的物质包起来而组成的特殊"电缆"。它与普通电缆不同,光缆是用光信号而不是用电信号来传输信息的。一般不受外界电场和磁场的干扰,不受带宽限制,可

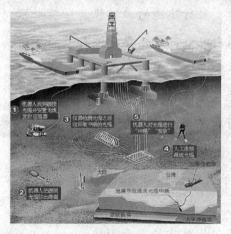

海底光缆的修复

以实现高达数千兆/秒（1000 Mbps 以上）的传输速率，而且它的尺寸小、重量轻，传送距离远，可以达到数千公里。

与人造卫星相比，海底光缆有很多优势：海水可防止外界电磁波的干扰，所以海缆的信噪比较低；海底光缆通信中感受不到时间延迟；海底光缆的设计寿命为持续工作 25 年，而人造卫星一般在 10 到 15 年内就会燃料用尽。

◆水下实验室

潜水员在美国佛罗里达州附近海域水下 62 英尺处的实验室外工作。科学家可以在这个实验室里连续工作 16 天，以便对珊瑚礁和鱼类进行研究。据说该实验室是目前世界上唯一一个还在运行的可供科学家工作和生活的水下实验室。

海底居住、生活是人类返回海洋的最高理想。人工岛、海上城市，仍然是与海水隔绝的生活、居住空间。海底生活、居住则要求人与海洋融为一体。

水下实验室是设于海底供科学工作者、潜水员休息、居住和工作的活动基地。通常配有水面补给系统、人员运载舱和工作室等 3 部分。外部一般附有高压气瓶、压载水舱和固体压载等。通过压载水舱注水或排水使实验室下潜或上浮。实验室的电力、呼吸气体、淡水和食物，都由陆上、补给船或补给浮标等补给站通过"脐带"供应。

水下各种实验室为人类提供了海底行动的基地。它们在海洋考察、海洋工程以及军事等方面有着重要作用。通过它们，可进行海洋生物、海洋地质、海洋水文、物理、化学等方面的现场观测，也可通过它们勘探海底石油、天然气，建造水下工程设施，进行水下反潜警戒监测等。

星球大战中的水下实验室

避暑度假——海滨旅游

海洋景色优美、壮观，气候宜人，资源丰富，这一广阔的领域，有着发展旅游的旺盛生命力。

据统计，全世界已有上千个海上娱乐和旅游中心，其中有200多个海洋公园。近年来美国每年参加游钓的约4500万人，年收入180多亿美元；加拿大每年参加游钓的也有650万人，年收入47亿加元；日本每年参加海水浴的有1亿人左右；欧洲盛行海洋疗法，即使冰天雪地的南极，每年也有2500多名欧洲各国的游客胶去观光。

海洋旅游胜景很多，具有"滩、海、景、特"四大特点。

滩

海

景

特

地球、宇宙与空间科学（地理）

海洋旅游胜地，一般是以具有美学价值的海岸为依托，以辽阔壮观的海洋为主景，与清澈透明的海水、洁白平缓的沙滩、风和日丽的气候相结合，组成的独特的海滨景观地。这些海滨景观地就是宝贵的海洋旅游资源。

大连金石滩

海岸地貌复杂多样，主要的可以划分三大类：平原海岸、基岩海岸和生物海岸。其中，以山地丘陵构成的基岩海岸自然景观最为宜人。我国主要的海滨旅游胜地大都分布在基岩海岸上。从南到北，主要的海滨旅游胜地有：大连、北戴河、青岛、蓬莱、长岛、威海、成山头、连云港、普陀山、海宁、湄州岛、围头、厦门、深圳、珠海、香港、澳门、湛江、北海、海口、三亚、高雄、台南等。

海滨城市的旅游包括了对海岸景观，海滨山岳景观，海洋生态景观以及海洋历史文化景观的旅游。海岸带的山地，往往岩石被海水蚀成各种奇

北海

特造型，上有较高的观赏价值。如大连金石滩是一种海上喀斯特地貌，千姿百态的礁石被誉为"海上石林"、"神力雕塑公园"。而沙质海岸，又往往沙软滩平，海水清澈，待以开辟成海水浴场，是进行日光浴，游泳和各种海上文体活动的好地方。南方的北海银滩，雪白的沙滩别具特色，其规模之大堪称亚洲第一。中国名山很多，然而名山又坐落在海滨实为以得。青岛崂山兼有奇峰、异洞、怪石、茂林、飞瀑、流云之美，更以"山海奇观"著称天下，素有"泰山虽云高，不如东海崂"之说。

青岛崂山

乘船到海岛旅游，可以体会到更浓的海洋情调。众多海岛耸立海面，

海岛

风光绚丽，宛若仙山。海岛地貌、生物、渔村对游客都极富吸引力。

还母亲健康体魄——保护海洋资源

这张"海洋地图"显示，受人类影响最严重的海洋基本都位于人口最稠密的地区，如欧洲北海、中国东海和南海、地中海、波斯湾、加勒比海和北美东部海域。而在整个海洋生态系统中，珊瑚礁和大陆架受到的影响是最为严重的，深海影响目前尚不可考。

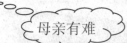

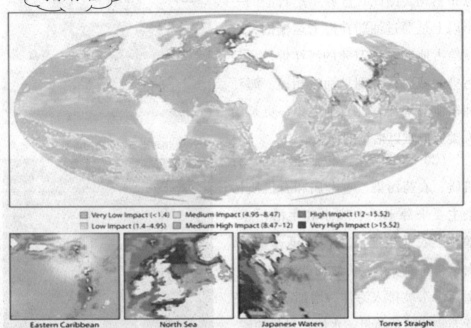

人类对海洋影响的全球地图

 海洋污染有哪些?

美国一个国际研究小组把海洋分割成一平方公里为单位的区域进行研究计算，结果发现，在占地球表面70%的海洋中，41%被人类的捕鱼、化学垃圾排放、污染、海运等17种活动严重破坏，侥幸未受人类活动侵害的海洋只占不到4%。

人类对海洋的影响主要有四类：

（1）海洋石油污染。海洋石油污染绝大部分来自人类活动，其中以船舶运输、海上油气开采，以及沿岸工

海上溢油

业排污为主，由于石油产地与消费地分布不均，因此，世界年产石油的一半以上是通过油船在海上运输的，这就给占地球表面71%的海洋带来了油污染的威胁，特别是油轮相撞、海洋油田泄漏等突发性石油污染，更是给人类造成难以估量的损失。

清理受石油污染的海面

（2）海洋污染。包括重金属、有机质、农药污染。重金属和有机质污染主要来源于工业废水和生活污水。随着工农业生产大规模地迅速发展，大量含有氮、磷营养物质的工业废水、生活污水被排入海洋，增加了水体的营养物质的负荷量。水体中过量的磷、氮营养盐，成为水中微生物和藻类的营养物，使得蓝、绿藻和红藻迅速生

赤潮

长，急剧繁殖。它们的繁殖、生长、腐败，引起水中氧气大量减少，导致鱼虾等水生生物大量窒息死亡。某些藻类甚至还会释放出一些有毒物质使鱼类中毒死亡。这种现象的出现就叫"赤潮"。

世界海洋究竟有多少垃圾呢？

（3）海洋垃圾污染。据保守估计，每年至少有700万吨垃圾被抛入海洋，海洋的胃口很大，能消化很多有机物质，也即便如此，大海也不能消化所有的东西。不能消化的，它又吐出来，不仅污染海水，也污染

海岸。而海洋垃圾中的油污、重金属、农药等有毒物质对海洋生物危害严重，这是众所周知的事，而且日常生活中一些看似无害的垃圾也在严重伤害海洋生物。比如，塑料袋给海洋带来的危害直到近10年才渐渐为人所知。

海洋"吐"出来的垃圾

（4）渔业：拖网捕鱼对珊瑚礁的破坏以及过度捕捞对渔业资源的损耗最为严重。如渤海的小黄鱼、带鱼、真鲷、黄姑鱼、河鲀、梭鱼、鲆鲽类和鲈鱼等；黄海的带鱼、大小黄鱼、鳕鱼、鲆鲽和海蜇等；东海的大小黄鱼、墨鱼、甚至带鱼等，都呈现出日益衰退的明显趋势。若任由这种趋势继续发展，这些原来的优势种类就有可能从我国沿岸近海彻底消失。

 ## 保护海洋刻不容缓

人类活动对海洋的污染不容忽视。海洋污染具有持续性强、扩散范围广等特点，海洋污染是很长的积累过程，不易及时发现，一旦形成污染，需要长期治理才能消除影响，且治理费用较大，造成的危害会波及各个方面，特别是对人体产生的毒害更是难以彻底清除干净。50年代中期，震惊中外的日本水俣病，是直接由汞这种重金属对海洋环境污染造成的公害病，通过几十年的治理，直到现在也还没有完全消除其影响。"污染易、治理难"，它严肃告诫人们，保护海洋就是保护人类自己。

地球、宇宙与空间科学（地理）

海洋环境是由人类造成的，要成功地保护海洋，人类必须遵守以下原则：

①严禁向海洋倾倒任何有毒有害废料；

②所有的工业和生活污水必须经过处理后才能排放入海；

③加强在陆地上对垃圾的管理、处理和资源化，不把海洋作为垃圾倾倒场；

④禁止过度捕鱼，危害海洋生物。

你做到了吗？

小资料

人类捕杀让鲸"丧失生存意志"

近几个世纪以来，人类的大肆捕鲸活动以及海洋遭到污染致使鲸类的食物锐减，因此鲸的数量大量减少。鲸是一种具有高智商而且社会性很强的动物，这种动物需要大量的同类一起生活、嬉戏、玩耍，人类的捕猎行为不仅使它们的生存受到威胁，还会给它们造成恶劣的心理影响，抑郁的情绪会影响到它们的生殖功能，以至停止繁衍下一代。

大自然的精灵——生物资源

一花独放不是春，万紫千红春满园。

多样的世界让人们向往，

保护生物资源多样性，

世界才更加精彩。

倾听自然心语——丰富多彩的植物世界

你知道吗？木瓜的果实总是越结越高，且凡是结过果的地方再不会长出果实和叶子；在哈密午夜吃完瓜后，别急着把嘴擦干净，因为哈密瓜的甜蜜气息，可招来天使吻你；我国南海一带，有一种叫松海的树，即使成年累月的烟熏火烧，也烧不坏……

植物世界在这个蔚蓝色的星球上可以说是人类诞生、生长的摇篮。它们孕育了漫长的古代文明，又哺育了人类的成长壮大，也许，将来仍是人类幸福的床榻。

植物世界是很有趣的，就说自然界的花草树木，只要有一颗种子，只要有水分，能和泥土亲近，它们就会毫不犹豫地、不容任何阻拦和压抑，长出一片片绿色，开出五颜六色的花，结出千姿百态的果。

石头也开花

石头是不是真的开花了？不是！这种花叫露美玉，植物体形如石头，开出花来好像从石缝里钻出来，怪不得被人们称为"石头花"，在这幅照片中既有真石头也有假石头，你分得出来吗？

植物的形态、结构、生态习性千差万别，各不相同。无论在广大的草原、险峻的高山、严寒的两极地带、炎热的赤道区域、江河湖海的水面和大洋深处、干旱的沙漠和荒原，都有植物的足迹，即使是岩石的裂缝、树叶的表面、悬崖峭壁的裸露石面，也可成为某些植物的生活场所。有些地衣在冰点温度下能够生存，某些蓝藻在水温高达 50～85℃ 的温泉中仍然生长旺盛。可以说自然界到处都有植物。

地球、宇宙与空间科学（地理）

广闻博见

植物中的寿星

最长寿的植物：7800 岁

2008 年 4 月，瑞典科学家在该国北部地区发现一棵已生长了 7800 年的挪威云杉，认为它是当今世界上仍活着的树龄最长的树，也是世界上最长寿的植物。这棵树虽然古老，"身材"却很小，高度大约 2 米，树干直径大约 20 厘米，生长在海拔 950 米的地方。挪威云杉是云杉家族常见树种之一，经常被当作圣诞树使用。

最长寿的花：2. 25 岁

一朵花的寿命都是比较短促的，一般都只有几个小时到几天的时间。然而，世界上最长寿的花也有 2. 25 岁，它就是大王花。

大王花主要产于东南亚的热带雨林中，花朵本身的寿命并不长，只有 3~7 天，但是它的孕育期很长，这是因为大王花的花朵是世界上单朵最大的花，每朵花开 5 瓣，直径 1. 5 米，重 9000 克左右。

大王花开始像个小黑点寄生在藤蔓上，你不仔细看还不能发现它。要经过 18 个月的孕育，那个黑色的小点逐渐变成深褐色的花苞。

由于花朵太大，大王花的花苞又要继续吸收 9 个月的营养，才开始开花，整个开花的过程需要耗上好几个小时。

植物界的最大家族——被子植物

地球上已被人们发现的植物，有四十余万种，分属几个大类。把大自然装饰得绚丽多彩、五彩缤纷的首推被子植物这一大类。

桃子、李子、梅子、杏子这类水果，我们吃的是它的果实。果皮果肉包着核，核里面就是种子。用果皮包着种子的植物，就叫被子植物。

我们平常看到的树木、花草、庄稼、蔬菜、牧草以及其它经济植物，

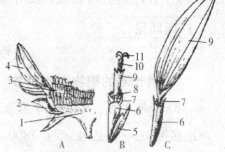

向日葵的花

A.头状花序的部分纵切；B.管状花；C.舌状花；1.花序抽(托)；2.总苞；3.管状花；4.舌状花；5.苞片；6.子房；7.冠毛；8.花冠膨大部；9.花瓣；10.雄蕊(聚药)；11.柱头

向日葵花的结构

除了松、柏类植物以外，绝大多数都属被子植物。全世界约有被子植物二十五万种；其次是真菌，约 10 万多种；藻类和苔藓植物各有 2 万多种；蕨类植物 1 万多种；细菌 2 千多种；而种子外面没有果皮包被的裸子植物，仅有 700 多种。所以，被子植物是植物界中种类最多的植物。

广闻博见

靠水来传播

椰子：靠水来传播，椰子成熟以后，椰果落到海里便随海水漂到远方。

睡莲：睡莲的果实成熟后沉入水底。果皮腐烂后，包有海绵状外种皮的种子就会浮起来，漂到其它地方。

靠小鸟或其他动物来传播

樱桃、野葡萄、野山参：靠小鸟或其他动物把种子吃进肚子，由于消化不掉，便随粪便排出来传播到四面八方。

植物传播种子的方法有哪些？

> 松子：是靠松鼠储存过冬粮食时带走的。
>
> **靠风来传播**
>
> 红皮柳：是靠柳絮的飞扬把种子传播到远处去的。
>
> **机械传播**
>
> 凤仙花：凤仙花的果实会弹裂，把种子弹向四方，这是机械传播种子的方法。还有许多豆类植物都是用机械传播种子。

被子植物体型多种多样，有高达百余米的桉树，也有长度仅 1 毫米的无根萍；有生长期仅几星期的短命菊，又有寿命高达数千年的龙血树。被子植物分布遍于全球，从北极圈到赤道都能生长，6000 米以上的高山和江河湖海有它们的踪迹，沙漠、盐碱地它们也能适应。

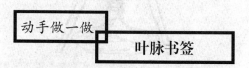

动手做一做

叶脉书签

家庭小实验

> 要问叶片是怎么做成书签的？我们先来了解一下叶片的结构！

叶片外表包围一层表皮细胞，它具有保护叶片的作用。表皮里面是一些含有叶绿体能进行光合作用的叶肉组织。贯穿在叶肉组织间的是由输导组织和机械组织所组成的叶脉。叶脉书签就是除去表皮和叶肉组织，而只由叶脉做成。书签上可以看到中间一条较粗壮的叶脉称主脉，在主脉上分出许多较小的分支称侧脉；侧脉上又分出更细小的分支称细脉。这样一分再分，最后把整个叶脉系统联成网状结构。把这种网状叶脉染成各种颜色，系上丝带，即成漂亮的叶脉书签了。

制作过程：

①通常采用革质的树叶，如桂花树的叶子、山毛榉科植物的叶子都可以。所采的树叶大小适当，不要有残缺，叶子老一点好，不要太嫩。

②叶子采来后放在烧杯里（如图1），加入 10~15% 氢氧化钠水溶液（把树叶浸没为止），加热煮沸 10~15 分钟（如图2）。

图1　　　　　　　　　　　　　图2

③取出，平放在塑料纱网上，用自来水冲洗（如图3）。

（叶的表皮及叶肉组织经上述处理后便分散开，经自来水一冲就冲走了，留下来的便是网状叶脉。）

④叶脉经漂洗之后，捞起平放在吸水纸上，压干压平，然后放在染料缸里染色。可以用多种染料进行染色（如图4）。红墨水、蓝墨水染色也很好。

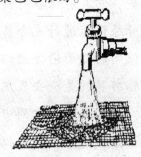

图3　　　　　　　　　　　　　图4

⑤染色 1～2 小时，取出，平放在吸水纸上，压平压干。取出后，在粗的叶脉基部系上有色丝带，叶脉书签便做成了。

你感兴趣的话，可以做做看，然后仔细观察一下网状叶脉相互间是如何联接的。内容转载自中国教具

地球、宇宙与空间科学（地理）

衣食住行话植物——植物资源的利用

我们在生活中谁也离不开棉布，植棉、纺纱、织布在我国有着悠久的历史。棉花是人类的衣料之源，被称为"太阳的孩子"。棉花是原产于热带的锦葵科一年生草本植物，我们用来纺织的纤维是棉花种子表面的绒毛，棉花一般都是白色的，后来前苏联科学家用杂交的方法培育了红、绿、蓝、黄等二十多种有色棉花，所以才有我们今天五颜六色的棉布衣服。

棉花

在纤维家族中，除棉花可以织布外，苎麻、亚麻和黄麻也是织布的极好原料。

苎麻原产中国，栽培利用历史悠久，向有"中国草"之称。我国早在五千多年前就开始用苎麻织布缝衣了。

苎麻

苎麻是一种多年生的草本植物，它的纤维有胶质，长而坚韧，其布做成的衣服凉爽可人，深受人们喜爱。

　　亚麻是人类最早使用的天然植物纤维，距今已有 1 万年以上的历史，具有吸汗、透气性好等优点，但是，亚麻的衣服一般颜色比较单调，保养也不容易。

亚麻

　　事实上可为人们提供纤维的植物在植物界极为广泛。据统计，我国已知的纤维植物约有 500 多种，可算作是一个庞大的家族了。

　　那么，在竹子、大豆、玉米、菠萝、香蕉等纤维都可以制衣的今天，在纳米技术日益成熟的今天，我们应该期待怎样的服装面料？

广闻博见

常见的扫帚哪里来？

　　扫帚菜，又名地肤，别名扫帚苗、铁扫帚、野菠菜，是藜科一年生草本植物。扫帚菜适应性强，分布广泛，对气候、温湿度要求不严，在原野、山林、荒地、田边、路旁、果园、庭院均能生长。秋后砍下全株捆扎可用作扫帚。扫帚菜还是我国传统野蔬，其嫩茎叶可食用。《本草纲目》记载："地肤嫩苗，可作蔬茹"，且"久服耳目聪明，轻身耐老"。

◆ 会呼吸的纤维——竹纤维

竹纤维是利用竹子做原料经工艺加工而成的植物纤维，横截面内部存在着许许多多的管状腔隙，这种天然的超中空纤维，能以很快的速度吸收和蒸发水份，因此，竹纤维的吸湿性和透气性均居各纤维之首。另外，还具有天然抗菌功能、手感柔软、穿着舒适、光滑、悬垂性好等特点。

◆ 海洋细胞——藻类纤维

藻类纤维做成的衣服就像一场惬意的海水浴，在人体的湿度条件下，这种纤维能释放营养物质，促进人体新陈代谢，给皮肤补水并增加弹性。它还能加速伤口愈合，舒缓紧张的情绪。在国外，一些源自冰岛的棕色或红色海藻已被用于此类开发；国内的青岛大学也建立了纤维新材料与现代纺织实验室，正集中力量开发海藻类海洋纤维。

◆ 植物开司米——松树浆纤维

松树浆的透气性是合成材料的 6 倍，棉花的 3 倍。从其中提出的黏胶纤维被誉为"兼具丝的光泽、开司米的柔软、麻的清凉和棉的温暖"。目前，松树浆织物已风靡法国人的浴室和卧室，而且它们的重量很轻，便于旅行携带，而且具有排汗、排体味的特殊功效。

纤维植物在人类生活中是仅次于粮食作物的重要植物，不仅人们的衣料，而且还有许多生产和生活用品，如鱼网、绳索、竹编、藤编、草席等等，均取材于纤维植物。

哇，原来竹子、藻类、松树浆都可以穿在身上啊！

地球、宇宙与空间科学（地理）

小小科学家

植物嫁接

嫁接是植物的一种人工营养繁殖方法，即把一种植物的枝或芽，嫁接到另一种植物的茎或根上，使接在一起的两个部分长成一个完整的植株。

砧木（被接的植物体）

削接穗（接上支的枝或芽）　　插接穗（形成层对齐）　　绑缚接穗

砧木截面贴锡纸　　用塑料袋套住

你会了吗？
试一试

自然最健康——食物之源

生物为了生存必须从外界摄取营养和食物，绿色植物能自己制造食物，即生产。绿色植物的生产过程即它们通过叶绿体，利用光能，把二氧化碳和水转化成储存着能量的有机物，并且释放出氧气。我们每时每刻都在吸入光合作用释放的氧。我们每天吃的食物，也都直接或间接地来自光合作用制造的有机物。所以说，绿色植物为所有生物提供食物和能量，人们的食物都是间接或直接地来自植物。

能量

能量

能量

能量

小小科学家

萨克斯实验

  1864年，德国植物学家萨克斯做了一个实验：他把绿叶先在暗处放置几小时，然后，他让叶片一半曝光，另一半遮光。过一段时间后，他用碘蒸气处理这片叶，发现曝光的一半呈深蓝色，遮光的一半则没有颜色变化。

思考：

  ①暗处理的目的是什么？

  ②叶片一半曝光，另一半遮光，目的是什么？

  ③碘蒸气处理叶片，目的是什么？

一半遮光

一半曝光

广闻博见

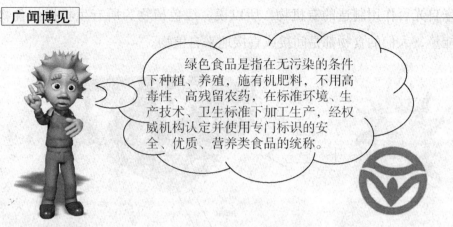

绿色食品是指在无污染的条件下种植、养殖，施有机肥料，不用高毒性、高残留农药，在标准环境、生产技术、卫生标准下加工生产，经权威机构认定并使用专门标识的安全、优质、营养类食品的统称。

绿色食品标志由三部分构成，即上方的太阳、下方的叶片和中心的蓓蕾。标志为正圆形，意为保护。整个图形描绘了一幅明媚阳光照耀下的和谐生机，告诉人们绿色食品正是出自纯净、良好生态环境的安全无污染食品，能给人们带来蓬勃的生命力。绿色食品标志还提醒人们要保护环境，通过改善人与环境的关系，创造自然界新的和谐。

食品是构成人类生命和健康的三大要素之一。食品一旦受到污染，就要危害人类的健康。食品污染是指人们吃的各种食品，如粮食，水果等在生产、运输、包装、贮存、销售、烹调过程中，混进了有害有毒物质或者病菌。

食物污染可分为生物污染和化学性污染两大类。生物性污染主要指病原体的污染。细菌、霉菌以及寄生虫卵侵染蔬菜、肉类等食物后，都会造成食品污染。

化学性污染是由有害有毒的化学物质污染食品引起的。在农田、果园中大量使用化学农药，是造成粮食、蔬菜、果品化学性污染的主要原因。这些污染物还可以随着雨水进入水体，然后进入鱼虾体内。有些农民在马路上晾晒粮食，容易使粮食沾染沥青中的挥发物，从而对人体健康产生不利影响。

食品污染是危害人们健康的大问题。防止食品的污染，除了个人要注意饮食卫生外，还需要全社会各个部门的共同努力。

地球、宇宙与空间科学（地理）

俗话说"病从口入"，那我们该如何防止呢？

你看到什么

生活小百科

教你如何防止病从口入

精心选择食品原料，最主要是要精心挑选新鲜食品，去除腐败变质及不可食的部分，同时必须反复洗净。

食物必须彻底加热。重点在食物的各部分温度必须达到70℃以上。鸡、鸭、鱼类进骨部分也要真正达到此温度。低温冰冻的鱼、肉、禽类必须彻底解冻再烹调。

烹调好的食物必须立即吃。因为食物在室温时细菌即可开始生长。如果烹调好的食物需要保存，至少贮存于10℃以下或60℃左右的环境中。烹调好的食物必须与生的食物分开，否则就被交叉感染。

烹调前必须洗手，一切厨房用具和家具都必须保持清洁，如砧板、容器、抹布老都应经常消毒洗净。

生活小百科

你知道你吃的都是植物的哪部分吗？

常吃根的植物有番薯（又称山芋）、萝卜、胡萝卜等。

常吃花的植物有花菜、黄花菜（金针菜）等。

常吃种子的植物有大豆、蚕豆、绿豆、赤豆、花生、向日葵、板栗等。

常吃叶的植物有白菜、生菜、菠菜、青菜、卷心菜、荠菜、葱等。

常吃茎的植物有竹（笋）、荷花（藕）、马铃薯、甘蔗、茭白、荸荠、姜、洋葱、慈菇、莴苣等。

常吃果实的植物有辣椒、冬瓜、黄瓜、番茄、茄子、南瓜、西瓜、苹果、梨、葡萄、桃子等。

安身之所——木建筑

中国的古代建筑，几千年来形成了以木结构为主的建筑体系，用木柱、木梁、木屋架来搭建成遮雨避风防日晒的房屋。小到每家每户的住房，大到皇帝的宫殿楼阁，甚至高塔都是完全用木头建筑的。而建筑中用的横梁常用松木、榆木或杉木建成。

树后面由木头搭建的建筑

而现代，钢筋水泥建成的建筑似乎与植物少了一丝联系。其实不然！芬兰一研究所日前公布了利用油用亚麻的秸杆作为建筑用隔热材料的研究情况，认为植物纤维将成为大有前途的建筑材料。大批植物纤维将被作为一种重要的工业原料用于包括建筑业在内的许多生产行业，如生产玉米淀粉粘胶剂、植物纤维人造板等。

古代建筑独特的木结构

地球、宇宙与空间科学（地理）

小小科学家

自制玉米淀粉粘胶剂

[实验材料] 玉米淀粉50克，焦锑酸钾1克，硼砂6.5克，固体氢氧化钠18克，水若干

[实验步骤]

玉米经浸泡、分离、洗涤、研磨、脱水等工序制成类似于普通面粉的玉米淀粉（你也可以买现成的），称取其重量50克，用133g克调制成玉米淀粉浆。用氢氧化钠水溶液（18克氢氧化钠用30克水溶解而成）进行胶化，在70℃下混合30分钟，并与300克冷水混合，搅拌均匀得液体A。

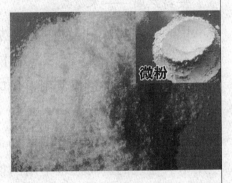

微粉

在另一容器中用40克水溶解1克焦锑酸钾，搅拌溶解，再用35℃的水1000克稀释，并同6.5克硼砂和500克玉米淀粉混合得B。在30分钟内，将A和B合并，混合搅拌15分钟即得贮存性能优良的淀粉粘合剂。

你知道吗？绿色具有舒缓视觉疲劳、安定情绪等优点，随着居民生活水平的提高及商业性需要，将植物景观引入室内已蔚然成风。

室内观赏植物在心理上满足了人类接触大自然、了解大自然的要求。人类要依赖大自然而生存，室内有了形形色色的植物，人们就会感到与大自然靠得更近了。而且植物本身是个有生命的活体，种植观赏植物可以改善室内的空气质量。绿色植物通过光合作用吸收二氧化碳，释放氧

气，会经过叶面的蒸腾作用，向空气中散发水气，增加空气湿度，这些都是对人体有益的。

广闻博见

新奇的仿生植物建筑——旋转房屋

德国建筑学家设计制造成功一种向日葵式的旋转房屋。它装有如同雷达一样的红外线跟踪器，只要天一亮，房屋上的马达就开始启动，使房屋迎着太阳缓慢转动，始终与太阳保持最佳角度，使阳光最大限度地照进屋内。夜间，房屋又在不知不觉中慢慢复位。这种建筑能够充分利用太阳能，保证房屋的日常供热和用水，又能将光能储存起来，供雨天和夜晚使用，构思十分巧妙，设计独具匠心

小小科学家

激素的作用

图中有三组激素对植物影响的对照实验，动脑筋想一想，这些激素分别有什么作用？

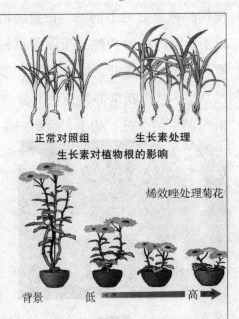

正常对照组　　生长素处理

生长素对植物根的影响

烯效唑处理菊花

背景　　低　浓度　高

正常对照组　　乙烯处理后

水果催熟

享受大自然——生态旅游

植物是无处不在的，公园里，街道外，甚至不起眼的墙缝中，往往都有植物的身影。到大自然中去，亲近自然，欣赏和享受自然成为一种新时尚。

如果不留意植物的话，内蒙古大草原给人的印象，也许就仅仅是千篇一律的类似那样的景观，至多还有骏马、牛羊、蒙古包，以及草原上比城里厉害得多的蚊子。如果没有植物，你就不会知道，草原上植物种类的丰富，你就不会知道在不同的生境下，植物的种类也是不同的。在金莲川草原上，沿闪电河两侧是美丽的草甸草

春意盎然的大草原

金秋的大草原

原，这里野花盛开，如金莲花、箭叶橐吾、窄叶蓝盆花、返顾马先蒿、绶草、多枝梅花草等，景色十分美丽，但在乌日图音淖尔（淖尔为蒙古语"湖"的意思）边上，这些野花都见不到了，取而代之的是像硬阿魏、蒙古芯芭、黄花葱、披针叶野决明这样的耐旱植物，以及碱独行菜、碱黄鹌菜、盐生车前、西伯利亚蓼这样的耐盐碱植物指示着比草甸草原干旱、具更多盐碱的生境。

怎样才能在最少的时间内认识最多的植物呢？那就去植物园吧！植物

植物园

园是一个融科研、科普、游憩、生产及珍稀濒危植物迁地保护任务于一体的大型综合性旅游场所。植物园里不仅具有丰富优美的自然景观，而且具有独特的生态文化，如茶文化、荷文化、桂花文化、梅文化、竹文化等。此外，植物园里经常举办以植物为主题的活动，可以让更多的人认识自然、欣赏自然和保护自然。

对植物的认识对认识昆虫、认识鸟类都有用处，因为昆虫和鸟类都是依赖植物而生存的，要细致了解它们的习性，必须要知道它们和特定植物之间的关系才行，对于昆虫来说尤其如此。所以，我们可以说，对植物的认识，正是生态旅游的开始。

地球、宇宙与空间科学（地理）

广闻博见

解读树木年轮

年轮是木本植物茎干横断面上的同心轮纹，常见于温带地区的乔木和灌木。年轮的形成主要与形成层细胞分裂时的气候条件以及水分、无机盐等有关。春季，气候温暖，营养物质充足，这时，形成层细胞的分裂活动加快，所产生的木质部细胞体积大、细胞壁薄，所以，木材的颜色较淡，质地疏松。这部分木材叫作春材。秋季，气温下降，营养物质减少，这时，形成层细胞分裂活动减慢，所产生的木质部细胞体积小、细胞壁厚，所以，木材的颜色较深，质地致密。这部分木材叫作秋材。同一年内的春

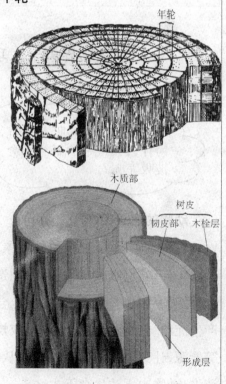

材和秋材之间，颜色是逐渐转变的，中间没有明显的界限。但是，前一年的秋材和后一年的春材之间，界限就十分明显，形成了显著的圆环，该圆环被称为年轮。通常根据树木主干上年轮的数目，可以推断出这棵树的年龄。但对热带乔木而言，此法不管用，因为热带乔木终年生长，多不具明显的年轮。

你知道树干的结构组成吗？各部分都有哪些功能？

生物界第一大功臣——植物的贡献

我们每天呼吸着氧气，为什么大气中的氧气不会被吸完呢？

你看到什么

动物的超级保姆

在自然生态环境里，植物就象动物的保姆一样，它们吸收二氧化碳，制造氧气，供给别的生物呼吸；它们进行光合作用，产生淀粉，供动物食用；它们形成煤、木材等能源，让人类运用。如果植物从地球上消失，动物也无法生存下去。

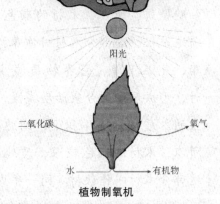

阳光

二氧化碳　　　　氧气

水　　　　有机物

植物制氧机

防止水土流失

植物可以保持水土，当雨水降在森林以后，有25%会蒸发掉，25%会流失，25%留在泥土中，另外25%则渗透成为地下水。如果没有森林，只有10%的雨水会成为地下水。可见森林就象是水的故乡，能够多蓄存5倍以上的雨水，并且避免土壤流失。

固沙功臣

防风林

抵抗风沙和潮汐

植物可以防风定沙，例如滨海地区风沙很大，附近的居民常常种植木麻黄、黄槿来阻挡风沙的吹袭。另外，生长在朝间带的水笔仔等植物，可以留住一些泥沙，延缓潮汐侵蚀海岸的速度。

合理利用和保护植物资源

植物资源不仅是人类衣、食、住、行的必需物质，而且构成了人类生存的环境，维持着生态系统的平衡。如果人们合理采收、利用并注意保护，就可以永续利用，造福后代。反之，如果不注意保护，进行掠夺式的采收利用，就会使资源迅速枯竭，生态系统失去平衡，导致人类生存环境迅速恶化。

那怎么保护呢？比如，以花为原料时，应只采收花朵；以果为原料时，

只采花朵

该怎么保护植物资源呢？

应只采收果实，一定要尽量减轻对植物的伤害；另外，要对植物进行综合利用，尽可能地提高单位面积的生产力，比如，松树产木材、松脂、松针和松子，分别具有不同的应用价值；山苍子果实可以提取芳香油，提取芳香油后的果核又可提取油脂，山苍子油脂含有大量月桂酸，是高级工业用油等等。因此，对待植物资源，我们既要充分合理利用，以满足社会生产生活的需要，又要注意保护，使其正常地生存发展，不破坏所形成的生态环境。保护也是为了利用，是为了长期稳定地利用植物资源。

松针茶

广闻博见

杰出的药物学家——李时珍

闻名世界的《本草纲目》是我国明代杰出的医药学家和植物学家李时珍编著的。李时珍在编写的过程中翻阅了上千种书籍资料，走遍了祖国的名山大川，访问了成千上万的老农、渔民、樵夫和猎人，作了上千万字的笔记，经过了整整 27 年的刻苦钻研和辛勤劳动。全书共有 190 多万字，分为 52 卷，记载了 1892 种药物，附上的单方、验方有 11096 个，书中的插图有 1160 幅。世界著名生物学家达尔文称它是"中国的百科全书"。

植物医生

植物不仅给人类提供食物来源，提供视觉上的享受，某些植物还具有药用价值。我们称之为药用植物。

药用植物包括中草药和植物性农药两类。药用植物自古以来在人类与疾病的斗争和保健方面发挥了很大作用。如治疗小儿麻痹症的特效药石蒜碱，用于制造可的松的薯芋皂甙元，用于治疗冠心病的萝芙木碱，抗白血病的有效药物三尖杉酯碱和高三尖杉酯碱，以及抗疟疾的青蒿素等。至今为止，植物萃取物在治疗肿瘤、艾滋病、心血管病与精神病等方面取得了可喜的进展。

植物性农药包括土农药植物和激素植物。土农药植物即指除虫菊、冲天子、鱼藤、百部等。激素植物露水草（含蜕皮激素）、胜红蓟（含抗保幼激素）等，也可作农药用。

造物主的宠儿——动物

动物是生物圈中最大的界，估计地球上可能超过三千万种。其中无脊椎动物占百分之九十五以上，但脊椎动物是最高等的类群。动物最大的特点是主动移动来获得食物，因此它们必须有感觉器官来帮助它们。

现代文明的印迹遍布在当今人类生活的各个角落，然而在这些文明之外，神秘而美丽的大自然、地球上的各种生物也都直接或间接地影响着我们的生活。这些与人类息息相关的生灵，和人类一样是地球的主人，它们与人类共同分享

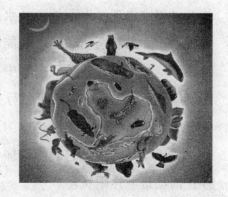

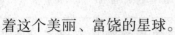
着这个美丽、富饶的星球。

动物资源是生物圈中一切动物的总和。通常包括驯养动物资源（如牛、马、羊、猪、驴、骡、骆驼、家禽、兔、珍贵毛皮兽等）、水生动物资源（如鱼类资源、海兽与鲸等）及野生动物资源（如野生兽类和鸟类等）。

动物界的历史，就是动物起源、分化和进化的漫长历程。是一个从单细胞到多细胞，从无脊椎到有脊椎，从低等到高等，从简单到复杂的过程。最早的单细胞的原生动物进化为多细胞的无脊椎动物，逐渐出现了海绵动物门、腔肠动物门、扁形动物门、纽形动物门、线形动物门、环节动物门、软体动物门、节肢动物门、棘皮动物。由没有脊椎的棘皮动物往前进化出现了脊椎动物，最早的脊椎动物是圆口纲，圆口纲在进化的过程中出现了上下颌、从水生到陆生。两栖动物是最早登上陆地的脊椎动物。虽然两栖动物已经能够登上陆地，但它们仍然没有完全摆脱水域环境的束缚，还必须在水中产卵繁殖并且度过童年时代。从原始的两栖动物继续进化，出现了爬行类。爬行动物可以在陆地上产卵、孵化，完全脱离了对水的依赖性，成为真正的陆生动物。爬行类及其以前的动物都属于变温动物，它们的身体会变得冰冷僵硬，这个时候它们不得不停止活动进入休眠状态。

地球、宇宙与空间科学（地理）

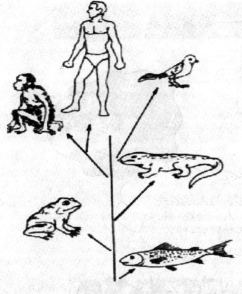

从鱼类到哺乳类的进化

总之，生物的进化历程可以概括为：由简单到复杂，由低等到高等，由水生到陆生。某些两栖类进化成原始的爬行类，某些爬行类又进化成为原始的鸟类和哺乳类。各类动物的结构逐渐变得复杂，生活环境逐渐由水中到陆地，最终完全适应了陆上生活。

广闻博见

大约在4亿年以前，湖泊和沼泽里生活着一种数非常多的总鳍鱼。地球上的气候变得温暖潮湿，鳍鱼的胸鳍和腹鳍变得越来越粗壮有力，更适合于爬行，变成了四肢；总鳍鱼的鳃也逐渐变成了肺。于是，地球上出现了新的动物：两栖动物。

总鳍鱼

为什么说鱼类是两栖类的祖先呢？

给动物起名——动物分类

动物是怎么起名的呢？

动物起名与人起名差不多，人名是姓+名，动物名是属名+种名。

地球、宇宙与空间科学（地理）

世界上各国有各国的语言，各地有各地的方言，在不同地方的同一种动物会有不同的名称，如野牛在云南被称为白袜子，黑熊在东北被叫做黑瞎子。这就给生物学家在研究它们时，相互之间进行交流带来了麻烦，为解决这个问题，全世界的生物学家使用统一的标准来命名动物和植物，这就是通常所说的学名。由于这些名称主要来源于拉丁语，所以又叫拉丁名。就像我们的名

动物界

脊索动物门

哺乳纲

偶蹄目

鹿科

鹿属

梅花鹿

梅花鹿的分类地位

字由姓和名两部分组成一样，动物的学名也由两部分组成：属名和种名。属名相当于我们的姓，告诉人们自己属于哪个家族，种名是自己的名字，可以在属内进一步对这一物种给予确认。

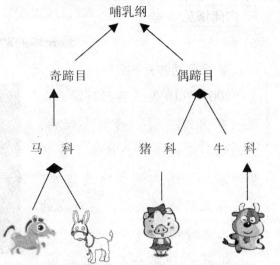

属是动、植物分类的一个单元，分类是生物学家为了更好的研究生物之间的彼此关系而建立的一个系统。类似的物种可归并成一属，类似的属可归并为一科，类似的科可归并为一目，类似的目可归并为一纲，类似的纲可归并为一门，类似的门最终归并为一界。形成界、门、纲、目、科、属、种等单元组成的完整的分类系统。这就像我们使用的通信地址一样，知道了国家、省、市、区和街道名，可以很方便的找到收信人，同样知道了一种动物的门、纲、目、科、属，就可以确定它的分类地位，也就能知道它和其它种动物在进化上的关系，比如常见的马、牛、驴和猪四种动物，虽然都是哺乳动物，属哺乳纲，但马、驴同属奇蹄目、马科，而牛和猪属于偶蹄目，牛属于牛科，猪属于猪科。所以我们从中可以知道，在进化上，马和驴的亲缘关系要比牛和猪的亲缘关系更近一些。

广闻博见

猴子为什么要互相骚扰？

因为猴子也需要吃盐，平时吃的东西里含盐分很少，猴子身上出汗，汗水蒸发后，就变成小盐粒，它们互相在身上抓搔，就是找毛发里的盐粒吃。

广闻博见

最长寿的动物

最长寿动物：405 岁

2007 年 10 月，英国科学家发现一种名为"明"的蛤类动物，它们经鉴定被确认为世界上最长寿的动物。明生长在冰岛海底，其贝壳上的纹理显示，它现在的年龄已达到 405 岁。

明是一种圆蛤类软体动物，因为其生长初期正好处于中国明代而得名。此前人们发现的最长寿动物也是一只蛤，但"明"比它还要年长 31 岁。因为明贝壳上每条纹理的厚度取决于当时所处的环境，因此，人们可以以此为据，了解当时海底的生态环境以及气候变化。

最长寿的鱼：267 岁

欧洲博物史中曾记载，世界上最长寿的鱼是条 267 岁的狗鱼。狗鱼身体修长，可达一米以上。吻很突出，尾鳍分叉。口生犬牙，性凶猛，吞食其他鱼类和水生动物。这种鱼属于冷水性鱼类，分布在北半球寒冷地区。狗鱼之所以寿命长，与它生活在寒冷地带有一定的关系。现存有 8 种狗鱼，我国只有一种，分布在黑龙江、松花江乌苏里江等地。这种鱼的肉非常鲜美，是人们喜爱的食品。

回到恐龙时代——恐龙故事

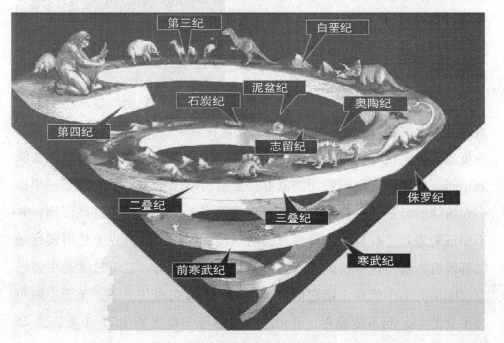

你知道恐龙生活在哪个时代吗？

大约在 2 亿多年前，地质史上开始进入中生代，这个时候，地球上出现了恐龙。在以后的 1 亿多年里，恐龙的家族越来越庞大。后来它们好像在一天之内突然消失得干干净净，给我们留下了无数的谜。经过科学家们不懈的探索，我们才渐渐对恐龙有了一些认识，原来恐龙虽然又大又笨又可怕，其实它们的故事还是挺有趣的呢。

让你回到恐龙世界

慈母龙的故事

慈母龙

以前人们一直认为恐龙和今天的爬行动物一样，都是一生下蛋就走开，根本不管它们的孩子会怎么样。后来，科学家们发现一些幼小恐龙化石的牙齿有明显的磨损痕迹，这表明它已经开始吃东西了。但是这些幼龙的四肢却还没有发育完全，显然还未开始真正意义上的爬行。这似乎可以说幼龙是在巢中由父母来养育的。另外，分析恐龙足迹化石表明，它们常列队外出，大恐龙在两侧，小恐龙在队列中间，如同今天我们看到的象群。于是科学家给这种恐龙起了一个很有人情味的名字，慈母龙。不过，也有很多人认为，仅凭这些证据，并不能证明恐龙是有目的志养育自己的后代。因为现在世界上任何爬行动物都没有表现出这样的爱心。鳄鱼算是做得最好的，也不过就是用嘴巴含起刚出壳的小鳄鱼，把它们带到水边，就算完成任务了，至于小鳄鱼会不会游水，能不能捕食，它可不管。慈母龙每次能生 25 个蛋，这 25 只小恐龙每天要吃掉几百斤鲜嫩的植物，慈母龙需要不辞劳苦地到处寻找食物。如果真是这样的话，它们是无愧于慈母龙这个称号的。

剑龙的故事

人们刚发现剑龙的时候就注意到它们背上长着许多骨板。最初，科学家们估计这些骨板是像护盖一样平铺在恐龙身上。后来，经过仔细的考察，最终确定骨板是竖立的。这些骨板里面充满空隙，表面还有很多沟槽，这些空隙和沟槽里布满了血液。当气温降低时，剑龙就会张开骨板，吸收阳光的热量，气温升

剑龙

高时，又会将骨板转一下，利用凉风散热。剑龙的头小得很，脑子只有核桃大小，与它庞大的身躯极不相称，科学家们由此认定，剑龙一定很笨。

梁龙的故事

在恐龙家族中，个子最大的要属梁龙了。它们又高又长，简直就像一幢楼房。按说身躯如此庞大的梁龙，体重也应该不轻，可实际上它们只有 10 多吨重，那些比它们个头小许多的恐龙倒往往比它们重上好几倍。原来，梁龙的骨头非常特殊，不但骨头里边是空心的，而且还很轻。因此，梁龙这样的庞然大物就不会被自己巨大的身躯压垮了。

梁龙

梁龙骨骼

阿尔伯特龙的故事

加拿大的雷德迪尔河沿岸，曾经生活着很多恐龙，其中有一种叫阿尔伯特龙。这种恐龙和霸王龙属于同一个家族。与一般恐龙相比，它们的身躯要小一些，但它们却更令其他动物

阿尔伯特龙

害怕。因为它们奔跑的速度极快，据估计，短距离内可达时速 30 多公里。阿尔伯特龙的可怕之处还在于它的嘴巴特别大，里边排满了尖利的牙齿，能咬穿坚硬的骨头，更不用说其他恐龙的厚皮了。另外它们的前爪像老鹰一样非常尖锐，任何动物被它抓住都难以逃脱恶运。

冷血？温血？

过去，所有的科学家都认为恐龙像所有爬行动物一样是冷血动物或变温动物，但是随着化石资料的不断增多，人们的认识也发生了变化，有人提出，有些恐龙可能是温血动物。首先，他们

在一个杯子里放一个冰块，然后倒满水。当冰融化的，杯内的水会溢出来吗？

认为有些恐龙行动极为敏捷，也不是像蛇一样在地上爬行，而是靠两条后腿在地面上跑动，其速度可达每小时 20 至 90 多公里。这就需要有强壮的心脏并且维持较高的新陈代谢，这些显然冷血动物是做不到的。其次，恐龙的食量都相当大，据推测，一头 30 吨重的蜥龙类恐龙，每天可能要吃掉近 2 吨食物，只有温血动物才需要这么多的能量。从食肉恐龙远远于少于食草恐龙来看，这一点也是合理的。另外，还有一些身体较小的恐龙，它们身上很可能覆盖着一层羽毛或毛发，这也是为了防止体温散失。其它方面，如骨骼的研究，也初步表明一些恐龙是温血动物。温血恐龙的说法一提出，就受到强烈抨击，但到底结论如何，目前还难下定论。

恐龙不需要冬眠！那是因为在恐龙称霸的中生代，地球上的气候比现今温暖许多，当时没有明显的四季变化，没有明显的昼夜温差，南北两极的温度也比现在高出许多，没有严寒，全球一片和暖。

最后灭绝的恐龙

作为一个大的动物家族，恐龙统治了世界长达1亿多年。但是，就恐龙家族内部而言，各种不同的种类并不全都是同生同息，有些种类只出现在三叠纪，有些种类只生存在侏罗纪，而有些种类则仅仅出现在白垩纪。对于某些"长命"的类群来说，也只能是跨过时代的界限，没有一种恐龙能够从1亿4千万年前的三叠纪晚期一直生活到6千5百万年前的白垩纪之末。也就是说，在恐龙家族的历史上，它们本身也经历了不断演化发展的过程。有些恐龙先出现，有些恐龙后出现；同样，有些恐龙先灭绝，也有些恐龙后灭绝。

那么，最后灭绝的恐龙是哪些呢？显然，那些一直生活到了6千5百万年前大绝灭前的"最后一刻"的恐龙就是最后灭绝的恐龙。它们包括了许多种。其中，素食的恐龙有三角龙、肿头龙、爱德蒙托龙等等；而肉食恐龙则有霸王龙和锯齿龙等。

广闻博见

恐龙博物馆

目前中国最有名的恐龙博物馆是四川省的自贡恐龙博物馆。自贡恐龙博物馆在世界上与美国国立恐龙公园、加拿大恐龙公园齐名，合称为世界三大恐龙博物馆。

四川自贡不仅是著名的盐都，而且还是我国重要的恐龙化石产地。据地质考察，侏罗纪时期，自贡这一带是开阔的滨湖地带，气候炎热，水草丰茂，大树参天，是恐龙理想的生活场所，而大山铺又是风平浪静的砂质浅滩，在此死亡的以及被河水从远处搬运来的恐龙尸骸，都被浅滩上的泥沙掩埋起来。尸骸地堆积与泥沙的掩埋交替进行了很长时期，以后再经过一两亿年漫长岁月的积压，终于形成了今天所见的含化石的砂岩层。这一带侏罗纪（1.35亿年－2.1亿年前）的陆相地层相当发育，恐龙化石就埋藏在侏罗纪早、中期陆地层中，而此期的恐龙化石正是世界恐龙研究中的薄弱环节，所以自贡的恐龙化石为世界研究恐龙的演化，提供了丰富的关键性的原始资料。

自贡恐龙博物馆占地6.6万平方米，陈列面积3600平方米，分为三层。陈列以大山铺恐龙化石埋藏现场及出土的恐龙化石为主。展览共分三大部分：第一部分 着重介绍

与恐龙相关的基础知识、如生物进化、化石、地质年代、恐龙的演化与分类等等。第二部分 主要介绍大山铺的各类恐龙化石。第三部分 是恐龙埋葬遗址。这里向人们展现了大面积的发掘现场。

衣食住行话动物——动物资源的利用

> 动物与人一样都是异养生物，西方人说，动物是另一种形态的人，它们依赖于人，忠诚于人，为人类服务，亦是人类的朋友！

从进化的历史看，各类动物都比人类出现得早，人类是动物进化的最高级阶段，从这个意义上说，没有动物就不可能有人类。人类进化的过程中与动物有着千丝万缕的关系。

丰富的物质资源

丰富的动物资源是大自然赐给人类的物质宝库。时至今日，仍有靠猎取动物为生的民族，如巴西东南部游牧的高楚人。有许多国家，动物资源是维持国计民生的支柱。澳大利亚一向以"骑在羊背上的国家"而著称。号称"沙漠之舟"的骆驼，多少世纪来一直是阿拉伯人赖以取得衣食的重要来源。

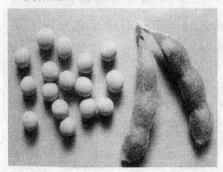

但是，动物资源日益减少的今天，人口又在不断增长，人类需要更多的动物资源，我们应该怎么办呢？目前，海洋捕捞活动主要集中在水深约200米的近海水域，占海洋水域的7%～8%。有人估计，海洋为全人类储备了可用 1000 年的资源。因此，开发海洋，向海洋要食物，是人类生存发展的重要出路。

认识动物性蛋白和植物性蛋白

　　蛋白质是由一种叫做氨基酸的分子连接而成的，蛋白质含有的氨基酸之所以会有不同，与蛋白质的来源有很大的关系。动物性蛋白质主要来源于禽、畜及鱼类等的肉、蛋、奶。其蛋白质构成以酪蛋白为主（78～85%），能被成人较好地吸收与利用。更重要的是，动物性蛋白质的必需氨基酸种类齐全，比例合理，因此比一般的植物性蛋白质更容易消化、吸收和利用，营养价值也相对高些。一般来说，肉类（如鱼肉、牛肉）蛋白质和奶类中的蛋白质，其氨基酸评分均在0.9～1.0的水平。

生活小百科

　　"牛黄解毒丸"、"六神丸"是著名的中成药，牛黄是这些药的主要成分。你知道牛黄是从哪里来的吗？原来牛黄就是牛的胆结石，因为牛的胆结石为黄色，所以称为牛黄。牛黄一般多生在 10 岁以上老牛的胆囊中，

而牛患胆结石的机会只有千分之几，因为天然牛黄十分难得，所以，1 克牛黄的价格要比 1 克黄金的价格高出几倍。不过科学家已能通过手术的方法，人为地在牛的胆囊中生产牛黄，现在牛黄的产量已大大增加了。

　　植物性蛋白质主要来源于米面类、豆类，但是米面类和豆类的蛋白质营养价值不同。米面类来源的蛋白质中缺少赖氨酸（一种必需氨基酸），因此其氨基酸评分较低，仅为0.3～0.5，这类蛋白质被人体吸收和利用的程度也会差些。植物蛋白中营养价值最高的是豆类蛋白质（又称大豆蛋白），但它有个缺陷：蛋氨酸（一种必需氨基酸）含量相对较少。整粒大豆的氨基酸评分大约为0.6~0.7。当然，这种不足可以通过科学的方法加以改善，例如在米面中适当加入富含赖氨酸的豆类食品，则可明显提高蛋白质的氨基酸评分。

珍贵的药品和保健品

明代李时珍的《本草纲目》中记载的动物药有461种。

我国的中医药历史源远流长，广泛使用的动物药材很多，例如牛黄、鹿茸、麝香、龟板等等。外形丑陋的蟾蜍的耳后腺可制成蟾酥，哈士蟆、海马、水蛭、蜈蚣、土鳖虫等，也都是有药用价值的宝贵资源。

梅花鹿

在动物园中，我们见过梅花鹿或马鹿等动物，它们的头上常常长着形状各异的角。它们每年都换新角，生长中的鹿角在骨心外包有带茸毛的皮肤。我们称它为鹿茸。鹿茸是一件宝贝，它可提高人体的活力，促进新陈代谢，特别是能增强大脑的机能，历代医书都把鹿茸称为"药中之上品"。此外，鹿肾、鹿血、鹿骨、鹿尾和鹿鞭等都可入药，真是"鹿身百宝"。但是，野生的梅花鹿已不足1000头，已成为国家一级保护动物。因此，要多产鹿茸和鹿肉，唯有发展人工养鹿。

海马

熊胆是珍贵的中药材，它具有消肝、润肺、健胃、镇静和解毒等功效。以往多为猎杀黑熊而取其胆囊，因而熊的数量急剧减少。为了保护野生资源，近几年，我国已有一些省份建立了人工养熊场，能在活体上取其胆汁。

蜈蚣

蜈蚣既是毒物又是宝物。它有毒螯和毒腺，会伤人，但它又是宝贵的动物药材之一，有抗肿瘤、止痉和抗惊厥等功效。

可以看出，长期以来，许多动物为人类的健康作出了无私的奉献，成了人类健康的忠诚卫士。

丰富多彩的衣着原料

当人类对动物的了解越来越多以后，人们发现有些动物的"产品"，动物的毛皮、羽毛等物大有用途，可以成为美化生活的原料。

丝绸早已成为人们衣着的原料，人们穿上丝绸衣衫，会感到格外的舒适、凉爽，那这些丝绸是哪里来的呢？丝绸是用蚕丝加工成的。

产丝昆虫除了家蚕以外，还有柞蚕、蓖麻蚕和天蚕等。他们都是危害某些林木的害虫。但当人们了解了它们的习性、特点以后，就变害为

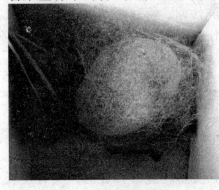

结了茧的蚕

益，利用它们的蚕茧缫丝织绸，为人类的生产和生活服务。这就告诉我们，人类必须首先保护好野生动物，才能进一步研究它们，了解它们，以便更好地发挥它们的作用。

我国毛皮动物资源丰富，约有150种，分布在全国各地，其中貂、

水獭、狐、黄鼬等都是世界闻名的毛皮动物。而毛皮动物由于它特有的经济价值，多年来一直是人们猎取的对象，甚至成为一小部分人谋生的手段，野生毛皮动物数量锐减，有的已濒临绝灭。目前，人们理智地选择了人工驯养野生毛皮动物这条道路，人工饲

貂

养毛皮动物这一新兴的饲养业已在世界范围内掀起，而成为毛皮的主要来源。同时，人类还制定了法律来保护无处藏身的野生动物，猎杀野生保护动物将受到法律的制裁。

地球、宇宙与空间科学（地理）

广闻博见

丝绸之路

早在4000多年前，我国劳动人民就知道栽桑养蚕。在殷商时代，已能织出精美的丝绸。从此，养蚕、缫丝、织绸就成为我国一项传统的副业生产和出口行业。西汉时，张骞出使西域，就带去了不少丝绸。正因为有大量的中国丝和丝织品，横贯中亚、联系欧亚两洲的交通大道被欧洲学者称为"丝绸之路"。

"丝绸之路"简图

伴侣动物——宠物

宠物既可以是一种闲时的消遣，也可是孤单之人的一个精神伙伴。

养宠物的好处首先是宠物能给人带来乐趣。在你回家时有一张亲切的面孔在门口迎接你，它用顽皮的动作给你逗乐。研究表明，人与宠物间建立起来的这种关系，可能远远超过其他娱乐带给我们的欢乐。

养宠物能为人创造更多与社会交往的机会。养宠物为人们的日常生活平添了一个关注的事务，使人们每天带着宠物去散步。散步的同时可以与他人交流生活中的种种事务，这必然增加与他人交际的机会。而且带着宠物去散步也增加了人们的活动量，明显对人们的健康有利。

遛鸭

对于儿童来说，饲养宠物可以帮助孩子成长，有利于培养他们的责任心和社会意识，发他们的个性。家里有了宠物，父母和孩子就会经常一起照顾它们，这对幼小的孩子尤其重要，因为参与和鼓励有助于培养自尊心。与宠物玩耍还可以提供许多学习机会，对性格的多方面发展也是必不可少的。

对老年人来说，养宠物能给老年人以心理慰藉，减少老年人的孤独感，可以最大限度地阻止和预防老年痴呆症和老年抑郁症的发生。

然而在现实中，我们也遗憾地看到，人类对宠物不够尊重，甚至包括一些主人，当宠物生病时，因为宠物医院收费过高，使很多宠物得病得不到及时治疗。

逗鸟

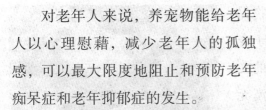

小香猪

主人，我来帮你

我们呼吁关注宠物具有多重含义，首先，对宠物的关爱也是对人的关爱，宠物与人，特别是它们的主人，具有难以割舍的亲情。其次，

地球、宇宙与空间科学（地理）

关心宠物就是关爱动物，这与动物保护是相一致的。还有就是人类对于宠物的爱心，实际反射了一个社会的文明程度。如果一个社会对宠物冷漠无情，甚至出现"扑杀"之类血淋淋地行为，我们可以认定这个社会是不文明的，很难想像一群冷酷对待动物的人，会对人和社会怀有博大的爱心。

宠物让儿童年有爱心

来源于动物的灵感——动物与仿生

◆**蝴蝶和卫星控温系统**

遨游太空的人造卫星当受到阳光强烈辐射时，卫星温度会高达2000℃；而在阴影区域，卫星温度会下降至 -200℃左右，这很容易损坏卫星上的精密仪器仪表。后来，人们从蝴蝶身上受到启迪。原来，蝴蝶身体表面生长着一层细小的鳞片，这些鳞片有调节体温的作用。每当气温上升、阳光直射时，鳞片自动张开，以减少阳光的辐射角度，从而减少对阳光热能的吸收；当外界气温下降时，鳞片自动闭合，紧贴体表，让阳光直射鳞片，从而把体温控制在正常范围之内。科学家经过研究，为人造地球卫星设计了一种犹如蝴蝶鳞片的控温系统。

蝴蝶和卫星控温系统

◆青蛙和电子蛙眼

青蛙的眼睛对小飞虫非常敏感，当小飞虫在它头上飞时，它会盯住不放。于是，人们模仿蛙眼的结构原理制成了"电子蛙眼"，可用来识别飞行中的飞机和导弹，也可用来预防飞机相撞。

◆响尾蛇与热定位器

响尾蛇的视力几乎为零，但其鼻子上的颊窝器官具有热定位功能，对0.001摄氏度的温差都能感觉出来，且反应时间不超过0.1秒。即使爬

电子蛙眼

虫、小兽等在夜间入睡后，凭借它们身体所发出的热能，响尾蛇就能感知并敏捷地前往捕食。科学家根据响尾蛇这一奇特功能，研制出现代夜视仪、空对空响尾蛇导弹以及仿生红外探测器。

长颈鹿和抗荷飞行服

◆长颈鹿与抗荷飞行服

超音速战斗机突然加速爬升的时候，由于惯性的作用，飞行员身体中的大量血液会从心脏流向双脚，使脑子产生缺血现象。如何解决这个问题？科学家从长颈鹿的身体构造得到启发。长颈鹿脖子很长，脑子与心脏的距离大约是3米，要使血液能输送到头上，血压相对要高，大约是人体的两倍。但当长颈鹿低头喝水时，血液却没有

一股脑地涌向头部。原来是裹在长颈鹿身体表面的一层厚皮起了作用。长颈鹿低头时，厚皮紧紧地箍住了血管，限制了血压，使其不会因血压突然升高而发生意外。依照长颈鹿厚皮原理设计的抗荷飞行服，飞行员穿上后在一定程度上起到了限制血压的作用。当飞机加速时，抗荷飞行服还能压缩空气，亦能对血管产生一定的压力，就此而言比长颈鹿的厚皮更高明了一步。

◆蜻蜓与飞机翅膀的平衡重锤

蜻蜓通过翅膀振动可产生不同于周围大气的局部不稳定气流，并利用气流产生的涡流来使自己上升。蜻蜓能在很小的推力下翱翔，不但可向前飞行，还能向后和左右两侧飞行，其向前飞行速度可达 72km/小时。此外，蜻蜓的飞行行为简单，仅靠两对翅膀不停地拍打。科学家据此结构基础研制成功了直升飞机。飞机在高速飞行时，常会引起剧烈振动，甚至有时会折断机翼而引起飞机失事。蜻蜓依靠

蜻蜓仿生

加重的翅痣在高速飞行时安然无恙，于是人们仿效蜻蜓在飞机的两翼加上了平衡重锤，解决了因高速飞行而引起振动这个令人棘手的问题。

◆苍蝇仿生

家蝇的特别之处在于它的快速的飞行技术，这使得它很难被人类抓住。

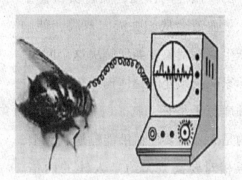

从蝇鼻到气体分析仪

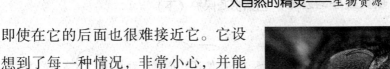

即使在它的后面也很难接近它。它设想到了每一种情况，非常小心，并能快速移动。那么，它是怎么做到的呢？

昆虫学家研究发现，苍蝇的后翅退化成一对平衡棒。当它飞行时，平衡棒以一定的频率进行机械振动，可以调节翅膀的运动方向，是保持苍蝇身体平衡的导航仪。科学家据此原理研制成一代新型导航仪——振动陀螺仪，大大改进了飞机的飞行性能，可使飞机自动停止危险的滚翻飞行，在机体强烈倾斜时还能自动恢复平衡，即使是飞机在最复杂的急转弯时也万无一失。苍蝇的复眼包含 4000 个可独立成像的单眼，能看清几乎 360°范围内的物体。在蝇眼的启示下，人们制成了由 1329 块小透镜组成的一次可拍 1329 张高分辨率照片的蝇眼照相机，在军事、医学、航空、航天上被广泛应用。苍蝇的嗅觉特别灵敏并能对数十种气味进行快速分析且可立即作出反应。科学家根据苍蝇嗅觉器官的结构，把各种化学反应转变成电脉冲的方式，制成

蝇眼仿生

苍蝇虽然讨厌，倒也为我们贡献了不少呢！

了十分灵敏的小型气体分析仪，目前已广泛应用于宇宙飞船、潜艇和矿井等场所来检测气体成分，使科研、生产的安全系数更为准确、可靠。

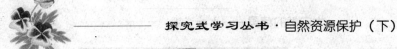

你还知道哪些动物仿生的例子呢？

实验动物

医学科学为人类的生存、繁衍，以及人类社会的发展作出了不可估量的贡献。然而在医学科学的发展中，多种动物却也无声无息地作出了牺牲。

人类用动物做科学研究已有2000多年的历史了。大约公元前400年，古代名医希波克拉底就解剖动物作为参照，描绘人体结构和器官。约公元前350年，亚里士多德解剖动物证明心脏是血液循环中枢。古罗马医生加

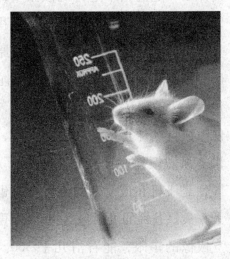

实验小白鼠

仑用猴和猪做实验证明了血管里运载的是血而不是空气。公元622年具有划时代意义的血液循环理论，是在哈维对青蛙做了细致实验后提出的。

克隆肉你敢吃吗？

通过克隆可培育出产奶多、精瘦肉多和抗病能力强的家畜。美国食品和药物管理局公布的克隆动物制品风险评估报告说，在所产肉、奶的品质方面，克隆牛、猪、山羊与通过传统方法繁殖的家畜几乎无区别。这就是说，如果没有意外，克隆动物制品将在不久后率先摆上美国人的餐桌。

到了本世纪，许多危害人类健康的疾病是通过动物研究而控制的。人们用动物做试验，研制出疫苗，消灭了许多传染病，如百日咳、风疹、麻疹、脊髓灰质炎（大部分得到控制）。在抗生素如青霉素用于人身上做试验而获得成功的。如今对糖尿病、癫痫等疾病也是通过动物研究逐步得到认识和控制的。现代医学先进的外科治疗如冠状动脉搭桥术、脑脊液分流术、视网膜置换术等，首先是在动物身上做试验获得成功的。风靡世界造福人类的最新医学技术——器官移植，如肝、肾、心、肺等的移植也是用动物做实验的产物。

据中国卫生年鉴统计，我国卫生系统每年用于生物医学实验的小鼠、大鼠、豚鼠和家兔约为600万只，鸡胚约50万个。仅卫生部所属就有6个医学实验动物中心和7个繁殖场。

什么是转基因技术？

简单地说，就是把一个物种的基因细胞提到另一个物种的体内，使之改变原有的性状

知识一点通

你知道什么是克隆技术吗？

克隆一词来源于英文单词"Clone"，中文译为"无性繁殖"或"复制"。一般认为，克隆动物就是指不经过生殖细胞而直接由体细胞获得新个体。

1996年7月5日，世界上第一只体细胞克隆动物多利诞生。整个世界掀起一阵"克隆"热，各种有关动物克隆的研究也相继展开。

地球、宇宙与空间科学（地理）

比武大擂台

你觉得该不该用动物来做实验？搜集资料来论证你的观点

正方观点

因为人比动物高明得多，人可以支配动物，包括让动物干活、运输以帮助人，让动物娱乐人，甚至让动物供给人食用，当然也包括把动物作为实验对象。

反方观点

动物与人有共同的权利，动物也有自由生存和生长的权利，不应被人任意宰割和用作实验，正如人权神圣不可侵犯一样。

看不见的"清洁工"——微生物

　　微生物是地球上最早的"居民"。假如把地球演化到今天的历史浓缩到一天，地球诞生是24小时中的零点，那么，地球的首批居民——厌氧性异养　细菌在早晨7点钟降生；午后13点左右，出现了好氧性异养细菌;鱼和陆生植物产生于晚上22点；而人类要在这一天的最后一分钟才出现。

微生物王国的"臣民"们

　　在大自然中，生活着一大类肉眼看不见的微小生命。无论是繁华的现代城市、富饶的广阔田野，还是人迹罕见的高山之巅、辽阔的海洋深处，或是一些无人居住的环境，从海底的活火山到南极洲冰盖下的冰湖，到处都有它们的踪迹。这一大类微小的"居民"称为微生物，它们和动物、植物共同组成生物大军，使大自然显得生机勃勃。

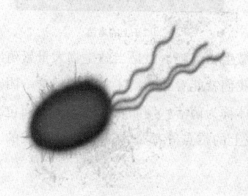

大肠杆菌

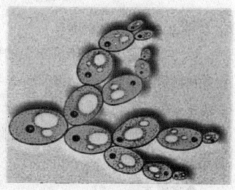

酵母菌

微生物王国里的"臣民"分属于细菌、放线菌、真菌、病毒、类病毒、立克次氏体、衣原体、支原体等几个代表性家族。此外，单细胞藻类植物和原生动物等个体非常小的生物体也被归入微生物中。这些家族的成员，一个个小得惊人，以至于人们只能用"微米"甚至更小的单位"埃"来衡量它。当然，微生物也有看得见的，比如蘑菇，灵芝、马勃等，都是微生物。

◆个头小

　　微生物的个体极其微小，必须借助显微镜放大几倍、几百倍、上千倍，乃至数万倍才能看清。杆菌的宽度是 0.5 微米，因此 80 个杆菌"肩并肩"地排列成横队，也只有一根头发丝的宽度。杆菌的长度约 2 微米，故 1500 个杆菌头尾衔接起来仅有一颗芝麻长。

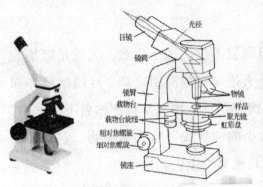

显微镜的结构和基本原理

橘子上的霉菌

　　虽然我们用肉眼看不到单个的微生物细胞，但是当微生物大量繁殖在某种材料上形成一个大集团时，我们就能看到它们了。我们把这一团由几百万个微生物细胞组成的集合体称为菌落。例如腐败的馒头和面包上长的毛，烂水果上的斑毛，衣服上的霉点等都是许多微生物形成的菌落。

◆食量大

　　微生物所以能在地球上最早出现，又延续至今，这与它们特有的食量大、食谱广、繁殖快和抗性高等有关。微生物的结构非常简单，一个细胞或是分化成简单的一群细胞，就是一个能够独立生活的生物体，承担了生命活动的全部功能。它们个儿虽小，但整个体表都具有吸收营养物质的机能，这就使它们的"胃口"变得分外

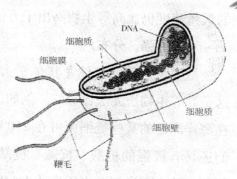

典型的细菌结构

庞大。微生物不仅食量大，而且无所不"吃"。地球上已有的有机物和无机物，它们都贪吃不厌。人们把那些只"吃"现成有机物质的微生物，称为有机营养型或异养型微生物；把另一些靠二氧化碳和碳酸盐自食其力的微生物，叫无机营养型或自养型微生物。

◆ 繁殖快

微生物以惊人的速度"生儿育女"。它的繁殖方式与众不同。以细菌家族的成员来说，它们是靠自身分裂来繁衍后代的，只要条件适宜，通常 20 分钟就能分裂一次，一分为二，二变为四，四分成八……就这样成倍成倍地分裂下去。

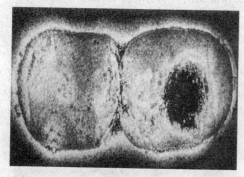

普通细胞的分裂

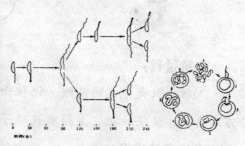

a.柄杆菌的不等称繁殖　　b.食菌蛭弧菌的繁殖

细胞的其他繁殖方式

当然，由于种种条件的限制，这种疯狂的繁殖是不可能实现的。细菌数量的翻番只能维持几个小时，不可能无限制地繁殖。尽管如此，它

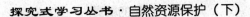
的繁殖速度仍比高等生物高出千万倍。

◆ **适应强，分布广**

微生物对环境条件尤其是恶劣的"极端环境"具有惊人的适应力，这是高等生物所无法比拟的。例如，多数细菌能耐 0℃ 到 -196℃ 的低温；在海洋深处的某些硫细菌可在 250℃ -300℃ 的高温条件下正常生长。它们还具有极强的抗酸、抗碱、抗缺氧、抗压、抗辐射及抗毒物等能力。因而，从 1 万米深、水压高达 1 140 个大气压的太平洋底到 8.5 万米高的大气层；从高盐度的死海到强酸和强碱性环境，都可以找到微生物的踪迹。由于微生物只怕"明火"，所以地球上除活火山口以外，都是它们的领地。

动手做一做

晶莹闪亮的"细菌灯"

小小科学家

灯你一定见得不少了吧，日光灯、霓虹灯、红绿灯……这些灯的共同之处在于它们都是用电作能源的。那你有没有见过用细菌作"燃料"的"细菌灯"呢？

实验过程：

①取一只大个儿的乌贼，记住千万不要用水洗涤，把它直接放在碟子或一次性塑料碗里，洒上一点儿食盐水（不宜过浓），放置在阴凉处。一两天后，乌贼的身上就会出现许许多多晶莹闪亮的小珠粒，这就是

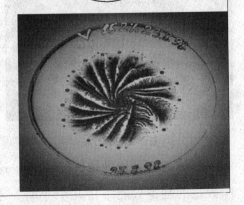

发光细菌繁衍成的群落。

②把小珠粒小心地收集起来，转移到盛有培养液（用3%食盐水、10%胃液素、0.5%的甘油和适量的水混合而成）的透光良好的玻璃器皿中，这样一只"细菌灯"便制作完成了。晚上，它发出的光淡雅柔和，相当于40支蜡烛的亮度哩！

深在菌中不知菌——微生物无处不在

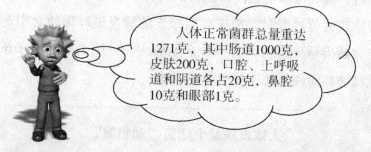

人体正常菌群总量重达1271克，其中肠道1000克，皮肤200克，口腔、上呼吸道和阴道各占20克，鼻腔10克和眼部1克。

虽然呱呱落地的婴儿体内几乎是无菌的，但离开母体后，就同周围富含微生物的自然环境密切接触，因而人体的体表皮肤和与外界相通的口腔、上呼吸道、肠道、泌尿生殖道等黏膜及其腔道寄居着不同种类和数量的微生物。

勤洗澡 爱卫生

这些微生物中有相当一部分是会引起疾病的，但是我们称它们为正常菌群，因为这些寄生物在正常情况下与宿主相安无事，互相适应，除非采取特殊的办法繁殖。多汗的地方，例如胳肢窝和脚趾缝里微生物也多，通常所说的汗臭味就是由微生物分解汗液造成的。婴儿臀部常容易出现湿疹，这不是因为尿本身刺激皮肤所致，而是由于细菌在残留尿液中生长并产生氨气引起的。因为氨气对皮肤有强烈刺激性。当长期不洗澡或洗脸不认真时，就可能由细菌或霉菌在身上或脸上引起皮疹，发炎，继而流出大量的脓或污物。皮肤大面积烧伤或

保护牙齿，勤刷牙

黏膜破损时，葡萄球菌便会侵袭创伤面而大量繁殖，引起创伤发炎溃烂；当机体着凉或疲劳过度时，造成典型肺炎的肺炎链球菌便会引起咽炎和扁桃体炎。龋齿是牙齿腐坏的一种常见形式，可能主要是由于正常菌群的稳定性被破坏而使某些厌氧细菌造成的。

广闻博见

人体皮肤是个细菌"动物园"

皮肤是人体最大的器官，这里大约生活着250种细菌，其中一些是"常住居民"，另外一些则属于"流动人口"。不同的人皮肤表面的细菌种类很不相同，在每个人的皮肤表面，有大约3/4的细菌与别人皮肤表面的细菌不一样，而且皮肤表面的细菌种类会在几个月内发生变化，那些占"支配"地位的细菌变化不大，但那些身为"过客"的细菌则处在不断的变化中。我们将终生都与细菌为伴。虽然很多细菌都会引起人体疾病，但没有必要去恐慌。它们并不如想象中那么有害，有些细菌甚至对我们有益。

我们身边有这么多细菌，那我们不是很危险？

不用担心，我们身体里有一支奇妙的军队，可以帮助我们抵抗外来物的侵略。

虽然我们每时每刻都面临细菌的侵袭，但在我们身体里，有一支奇妙的军队，就是我们的免疫系统，它的作用便是抵御外来物的侵略，使我们身体免受疾病之害，免疫系统有三大功能：

每个身体内都有一支军队

当遇到外物侵入时，免疫细胞会发射出一种抗体，它就像军人射出的子弹，炮弹一样，把敌人杀死，使我们维持健康的身体。

免疫细胞会把身体上的废物清除出体外，这些废物有敌人的尸体，老化死去的细胞，外来的杂质等；我们流出的汗与吐出的痰即属此类。

免疫细胞亦会把破坏的组织修补回去，譬如手指不小心被刀割伤，没几天我们便发现伤口已愈合了，这便是免疫细胞在进行"修补工作"的结果。

敌人还是朋友——辩证看细菌

提到"细菌"，人们首先想到的就是"杀！杀！杀！"在我们眼中，它是很多疾病的元凶。我们体内有2公斤重的细菌，但是它们不都是对人体有害的，部分细菌维系着我们人体部分消化代谢功能，口腔中就有6种有益的细菌可用来防止艾滋病毒感染，其实，人体内更多的细菌是人类的保护神。

多数情况下，人体内的细菌都会保持"和平共处"的原则，菌群之间也存在生态平衡关系，它们之间也有一条特殊的生物链，如果这个生物链在某些情况下被打破，我们才会生病。

鸡蛋里有沙门菌，汉堡里有大肠杆菌，家禽体内有弯曲杆菌，这些仅仅只是开始。由此可以想见，其他寄生在我们周围、体表和体内的细菌会把我们弄成什么样子。

微生物和人类的关系非常密切，有些对人类有益，是人类生活中不可缺少的伙伴；有些对人类有害，对人类生存构成了威胁；有的虽然和人类

固氮菌的三种固氮方式

生物固氮是指固氮微生物将大气中的氮还原成氨的过程。

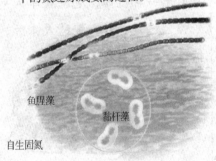

鱼腥藻

黏杆藻

自生固氮

没有直接的利害关系，但在生物圈的物质循环和能流中具有关键作用。

显然，某些微生物是有害的，但实验上，地球上的微生物种群对其他生物而言是不可缺少的。绝大多数微生物对我们人类而言是无害的，而且离开了它们人类将无法生存，这也正是我们忽视的事实。

没有微生物人类将无法生存，海藻和细菌通过光合作用制造了大气层中一半以上的氧气；人体内所富含的微生物帮助我们消化食物，合成

自身所需的维生素。没有微生物，植物将无法生存。空气中大量的氮气，只有依靠固氮菌才能被植物利用，存在于自然界中的动植物蛋白质，只有在微生物作用下，才能转化为无机含氮化合物被植物吸。在自然界，细菌和各种菌类分解动植物尸体和各种来自自然和人类世界的废弃物，没有它们，地球将变成一个巨大的垃圾筒。

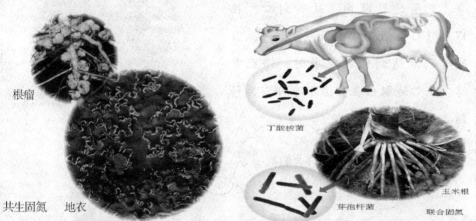

根瘤

丁酸梭菌

共生固氮　地衣

玉米根

芽孢杆菌

联合固氮

地球、宇宙与空间科学（地理）

即使在尚未了解它们是什么的时候，人们已经开始利用微生物来保持健康、清洁并获得食物。酵母是制造面包、喷洒和葡萄酒的关键。而且长期以来，某些微生物一直被用作抵御疾病侵害的抗生药，如青霉素、链霉素等。

动手做一做

乳酸菌自制酸奶

家庭小实验

　　主要原料：鲜牛奶、白糖

　　设备用具：盆、锅、乳瓶等

　　制作方法：（1）按鲜奶5%～10%的比例加白糖，煮沸3分钟后过滤。

（2）将过滤的牛奶迅速降温至38～42℃，在无菌下接种乳酸菌种，使菌种分布均匀。

（3）接种后的牛奶分装在已洗净、灭菌的乳瓶内，及时封口，在37±1℃恒温下发酵4～6小时，当酸度已经达到你的要求时，停止发酵，小心地取出在室温下冷却，再移到2－6℃冰箱中冷却。

哇，这样我们就可以喝到新鲜的酸奶了！

 一个也不能少——保护生物多样性

当你在蓝天，碧海，微风，白沙的大自然美景下享受时，大自然为什么会如此五彩缤纷、生机勃勃？

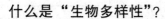

什么是"生物多样性"？

你也是生物多样性的一部分。生物多样性使生命在这个行星上变得可能。没有生物多样性，你也不能在这个行星上生存。就算你可以生存下来，你也不可能喜欢这个灰暗的、无生气的、光秃秃的、无聊的世界。没有生物多样性，你不会感受到树林带给你的绿意、海洋带给你的蓝色、花儿带给你的赏心悦目，没有生物多样性，水里不会有鱼，天上不会有鸟，地上不再有活蹦乱跳的小动物，也不会有你呼吸的空气、吃的食物、穿的衣服。

"多样性"简单来说就是"各种各样"的意思。生物多样性包括所有自然世界的资源，包括植物、动物、昆虫、微生物和它们生存的生态系统。它同样包括构造出生命的重要基石——染色体、基因和脱氧核糖核酸。

为什么香蕉是弯的，苹果是圆的？为什么香蕉是黄的，苹果是红的？这些都是物种多样性的表现。

大家都是狗，为什么长得差这么多？

这是因为他们的基因组成不同

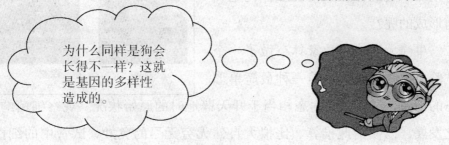

为什么同样是狗会长得不一样？这就是基因的多样性造成的。

基因的多样性造成同个物种之间也存在显著差别。同一种物种的生物生活在不同的区域，常因为地理上或是生态上的区域造成许多不同的族群，族群之间的基因遗传因为交流的机会降低而具有一定程度的差异，即使在同一族群内个体之间的变异仍然存在。自然状态下基因的多样性来自基因的突变及生殖过程中基因的交换重组，好的基因在大自然的选择下被稳定的保存下来，一个物种或是个体所带来的基因好比一个基因仓库，每一个仓库储藏的物品均不会完全相同，任何一个仓库消失意味着某些东西的消失。

美丽的世界缤纷的生命，物种多样性所呈现的面貌丰富了我们生存的环境。生命无所不在，从热带雨林上端离地数百尺的天幕、澳大利亚的沙漠，到深海火山熔岩的罅隙，处处都有生命。这些惊人丰富的多样性是如何形成的呢？

牛津大学遗传学家林奈做了一个试验，他在试管中培养一种最简单形态的细菌，试管内的生态相当于开天辟地时的原始状况。观察细菌的演化发展，以便借此推算、比拟大自然无穷无尽的奥妙。试管中的细菌，

基因多样性

物种多样性

生态系统多样性

草原　　　　珊瑚礁

温地　　　　森林

几天内即演化出繁复的新品种，各自占据试管的不同部位（相当于不同的生态栖息地）。譬如说，试管的高处氧气较多，底部氧气较少，

有条件的同学不防也来试试这个实验吧

根据氧气的浓淡便分化出不同层次的生态环境。某些品种的细菌如同地毯般覆盖培养液的表面，另一些则像黏液附着在试管壁上，还有一些品种生活在试管底部。可见，生物多样化的关键在于，生态环境的多样化提供生命往各种不同道路发展的机会，同时也创造了激烈的竞争。

为什么要保护生物多样性?

大约 2000 年前，我国森林覆盖率在 50% 左右，而今天不足 14%。地球上的动植物资源正在急剧减少。栖息地的破坏、化学污染、环境污染、过度开采以及乱捕乱猎等原因，已经导致我国许多动植物微生物的灭绝。保护生物资源的多样性已成为全世界都十分关注的问题。

但是，为什么? 我们对此怀着深深的疑问。一些无名的物种真的有这么重要? 假如这个世界上的物种减少到牛、羊、鸡、猪和足够的放在动物园的动物，难道我们就不能舒服的过

营养级

顶极食肉动物
（三级消费者）

食虫鼠

食肉动物
（二级消费者）

食草动物
（一级消费者）

植物
（生产者）

草原生态系统食物链

日子了吗? 为什么我们必须关注一些特种的鸽子或者是一种火蜥蜴或者是一种生活在遥远沼泽里的小小植物? 它们灭绝了关我们什么事? 毕竟，我们还有许多种别的鸽子和许多种别的蜥蜴，还有许多种植物留下来。

我们又有什么所应该担心的呢？

实际上，地球上所有的生命都是相互依存的，所有的这些物种是与其它物种相互联系的，正如同我们依赖植物和动物为食一样。顺着食物链，我们也同样依赖我们吃的动物、植物的食物——又一群植物、动物。如果其中一个特定的物种失去了它的栖息地或者不再找得到它常吃的食物，就会灭绝掉。整个食物网（不仅仅是食物链）就会破碎。而修补是一件很困难甚至是不可能的事。

食物网
食物链越复杂，生物多样性越丰富

小资料

当你的餐桌上会只有一样菜时……

在上个世纪中，有 30 余万种植物绝迹，并仍在以每 6 小时消失一种的速度继续。从 20 世纪开始至今，我们已经损失了 75% 的农作物品种。今天，正是这不到 30% 的作物品种供应着 95% 的世界食品的需要。家畜品种也是这样。20 世纪初欧洲所具有的家畜资源，目前有一半已绝迹，在未来的 20 年中仍有一些面临灭绝。而一种家畜品种的灭绝，绝不仅仅是一个品种的消失，而意味着经过长期自然选择和人工驯化的、独特的、不可再生的动物资源的丧失。

当我们在生命之网中灭掉了一种物种，整个的网将变得摇摇欲坠。灭绝掉足够的物种就会撼动整个使生命在这个地球上变得可能的结构。最后，我们对生物多样性做的损害将最终损害我们自己。一个例子可供说明。联合国的研究小组在南极洲附近海域遍撒铁屑，大量"培育"浮游生物，这些最基层生物不仅是其它海洋生物的食粮，而且能"捕捉"

大气中过多的二氧化碳，减缓温室气体。目前，生态学家非常担心全球增温的现象，如果情况持续恶化，估计到2050年，每两年就会发生一次干旱，届时人类社会将是一幅非常凄惨的景象。地球生命间的联系如此神奇，海中浮游生物与人类的命运竟也密不可分。

如果世界上再也没有你的同伴，你会怎么样？我们每个人都想与同伴一起玩，动物也一样！

小资料

濒临灭绝的几种动物

金丝猴

蒙古野驴

藏羚羊

四不象　　　　　　　　北山羊

扬子鳄　　　　　　　　白鳍豚

怎样保护生物多样性？

　　在地球上，第一次灭绝都是自然灾难引起的，譬如说，地质学家目前已经证明 6500 万年前的一次陨石撞击地球，造成恐龙大灭绝，这是最近一次的物种灭绝。然而，今日地球再一次走向物种灭绝的边缘，却不是因为

保护生物多样性需要你我共同努力！

1.学习和宣传生物多样性的知识

2.不吃野生动物

某种不可违逆的外来力量，而是人类本身的行为。物种灭绝是无法弥补的，一旦生物绝种就永远消失了。每当我们失去一样物种，我们就失去一项对未来的选择。或许治疗艾滋病、或发展抗病毒农作物的希望也跟着破灭。我们必须停止毁灭的行为，不仅为了地球，也为了我们自己的

需要。

世界是一张巨大的网，所有的生物和非生物都是这张巨网中不可或缺的一份子，起着不可取代的作用。我们保护生物多样性，不仅要保护生物物种本身，更根本的是要恢复这张网的完整性和坚韧性，能够承受更多的变化和冲击。

3. 尽量乘公车，减少温室气体排放

为了减轻对地球的影响，长远地保证人类和其他物种的生存和繁荣，我们必须尽可能地减少自然资源的消耗和废弃物的排放，使得我们的发展与环境相对较为均衡，从而保证人类和其他物种更多世代的生存和发展，

4. 保护森林，保护植被

这就是可持续发展的思想。当代人要为后代人着想，人类要关怀其他物种，发展和保护互为前提和目标，"万世而不竭"。

5. 联合抵制包含将要灭绝物种部分的产品，例如象牙、麝香鹿、海龟壳或藏羚羊的羊毛

为了保护生物多样性，我们需要建立更多的自然保护区和保护地，来保护珍稀和濒危的动植物物种和生态系统；也需要建立种质基因库，保护珍贵的遗传多样性；对于那些已经遭受破坏或正在发生衰退的生境，需要投注资金和技术，进行减轻环境压力和生境恢复的工作；同时，关注生物多样性丰富地区的民众生计，帮助他们增强可持续发展的能力、增强保护其传统文化的能力也是保护生物多样性的重要内容。

6. 少用纸巾等懒汉用品，因为生产纸巾要用大量的木材，其次生产过程会污染环境

7. 建立自然保护区自然保护区是动植物及微生物物种的天然贮存库，能使生物资源得到保护和繁衍。

　　以往的保护中，政府、研究机构和民间环保组织是主要的保护主体。然而，保护生物多样性并不只是政府和科学家的事情。生物多样性的兴衰与我们每一个人及其后代息息相关，保护生物多样性，就是保护我们自己。

想一想，还有哪些措施可以保护生物多样性，让我们的地球更加丰富多彩呢？

地球慷慨的馈赠——*矿产资源*

地球、宇宙与空间科学（地理）

图来自《矿产资源法知识 漫话读本》

　　矿产资源是地球赋予人类的宝贵财富，是人类社会赖以生存和发展的基础和前提，我们要合理地利用并保护好矿产资源！

好漂亮的宝石！博士，矿产离我们很远吧？

　　在人们的生活中几乎每天都离不开矿物。人类的衣、食、住、行等各个方面都离不开矿物。比如建造房屋所需要的各种材料，随身佩带的宝石，日常食用的食盐，做铅笔心的石墨、做粉笔用的石膏、制炸药用的硫磺……都是矿物。

　　矿物大多埋藏在地下，也有的露在地表。通常人们把聚集在一起的具有开采利用价值的矿物叫做矿产。

　　我们一起来看一下矿产都有哪些，以及它们有什么用途吧！

矿产 ABC——能源、金属、非金属矿产

矿产的种类很多，人们为了更好地认识矿产，需要将矿产进行分类。

煤、石油、天然气都可以做燃料，供给人们热能——取暖、做饭、发电等，人们把这类矿产叫做燃料矿产或能源矿产。

你的热情好像一把火……

无烟煤是深黑色的，表面光泽强，很硬，燃烧时无烟，火力很强，多为家用。

烟煤是漆黑色的，表面光泽较弱，比无烟煤软，燃烧时有黄烟，火力也很强，多用作取暖、锅炉、发电、蒸汽机车的燃料。

无烟煤、烟煤、石油、天然气都有哪些特征呢？

无烟煤

烟煤

石油和天然气都是古代生物遗体由于地壳运动被埋在地下，经过长期高压和细菌的作用而逐渐形成的，与煤一样属于化石燃料。石油由碳氢化合物为主混合而成的，具有特殊气味的、有色的可燃性油质液体！

地球、宇宙与空间科学（地理）

多在油田开采原油时伴随而出。天然气的主要成分是甲烷，具有无色、无味、无毒之特性。天然气公司皆遵照政府规定添加臭剂（四氢噻吩），以资用户嗅辨。有的家庭用的管道燃气就是天然气。

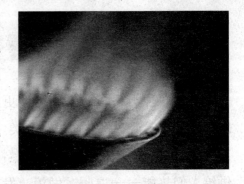

小资料

太阳般的金属——金

金被称为太阳般的金属，也就是这种天赋的色彩及良好的延展性，使金器的饰品功能历久不衰——直到今天，人们仍视其为华贵首饰。

埃及百姓再穷也是披金戴银

黄金在传统上主要是用来作为货币和制造装饰品。黄金制的装饰品除各种首饰如戒指、项链、手镯外，还用于建筑物上的描金、贴金及镏金，由于黄金不氧化，所以能经久不变。如大家都熟悉和敬仰的天安门广场上的人民英雄纪念碑，上面的题字即经过镏金，这些字虽经长期的雨淋日晒，但仍然金光闪闪。

金矿

黄金还用于器皿装饰、镶牙、笔尖、奖章等。黄金最突出的用途之一，就是作为货币，由于黄金硬度不高，容易被磨损，一般不作为流通货币。但黄金储备的数量仍是衡量一个国家经济实力的标志。

黄金是在中国传统文化中很特

殊、很神奇，如形容永不失效的承诺为"金口玉言"，时间宝贵称"一刻千金"，称聪明漂亮的男孩是"金童"，出身高贵女孩为"金枝"等等。

　　世界前10名黄金产出国依次为：南非、美国、澳大利亚、中国、俄罗斯、秘鲁、加拿大、印度尼西亚、乌兹别克斯坦、巴布亚新几内亚。南非是世界上最大的黄金生产国和出口国，黄金出口额占全部对外出口额的三分之一，因此又被誉为"黄金之国"。中国最有名的金矿是山东的胶东金矿，金矿90%以上集中分布在招远莱州市地区。

　　金矿、银矿、铜矿、铁矿、锡矿等，这些从中可提取金属元素及其化合物的矿产，称为金属矿产；

月亮般的金属——银

　　在中国，银器有着特殊的文化内涵。婴儿生下来不久，人们就给他戴上银锁、银镯等银器，先民把保佑平安、兴旺发达、延年益寿、长生不老等美好的愿望，寄托在各种银器上。

磷灰石

钾盐

地球、宇宙与空间科学（地理）

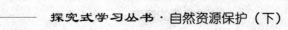
磷灰岩、钾盐、萤石、高岭土、大理岩等，这些能从中提取有用的非金属元素及其化合物，或可直接利用的，称为非金属矿产。目前，含矿热水、惰性气体、二氧化碳气体以及天然气水合物等，也包括在矿产的范畴内。

我国饮用天然矿泉水国家标准规定：饮用天然矿泉水是一种矿产资源，是指从地下深处自然涌出的或经人工揭露的、未受污染的地下矿水；含有一定量的矿物盐、微量元素或二氧化碳气体；在通常情况下，其化学成分、流量、水温等动态在天然波动范围内相对稳定。

你知道什么是矿原水吗？

图来自《矿产资源法知识 漫话读本》

国家标准还确定了达到矿泉水标准的界限指标，如锂、锶、锌、溴化物、碘化物，偏硅酸、硒、游离二氧化碳以及溶解性总固体。其中必须有一项（或一项以上）指标符合上述成份，即可称为天然矿泉水。国家标准还规定了某些元素和化学化合物，放射性物质的限量指标和卫生学指标，以保证饮用者的安全。

根据矿泉水的水质成分，一般来说，在界线指标内，所含有益元素，如长期饮用矿泉水，对人体确有较明显的营养保健作用。

矿物就在你身边——矿物的利用

什么是生理盐水？
它有什么用？

人的血清中含盐0.9%，所以浓度为0.9%的食盐溶液就叫做生理盐水。

各种医疗操作中需要用液体的地方很多都用到生理盐水，因为它的渗透压和细胞外的一样，所以不会让细胞脱水或者过度吸水，如我们静脉点滴常用的注射液。此我，外用还具有一定的杀菌消毒作用。

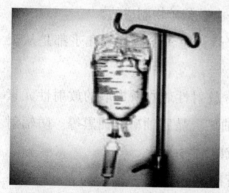

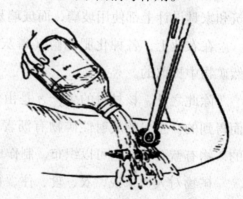

在人们的生活中几乎每天都离不开矿物。有的矿物被直接利用，而更多的矿物是间接利用。

直接被利用的矿物在身边随处可见，食盐类就有产自青海省盐湖内结晶出的石盐、四川省的井盐以及沿海省份所产的海盐等。

许多人们看来无生命活动现象的天然产出的各种"石头"都是由铜、铁、锡等金属元素和硫、硅、氧等非金属元素结合形成各种金属矿物和非金属矿物。你不会想到，组成我们种庄稼的土地的主要成分——粘土也是由许多矿物元素组成的。

天然矿物可以作颜料，如海南岛石绿铁矿床产的蓝铜矿，是非常好的蓝色原色料，据使用调查永不褪色。

在医药上，云母、金精石、蒙脱石、凹凸棒石类矿物药都得到了很大的应用。

蓝铜矿

生活中间接利用的矿物就更多了。在建筑用材上，钢铁材料是由磁铁矿、赤铁矿、萤石等矿物炼制而成。建造高楼大厦用的高品位的水泥除了石灰岩之外还需加入沸石矿物。人造建筑板材有的是用方解石，有的用长石混合水泥，制成的地板和墙壁美观大方。此外，在各种房屋建筑和家具设计上都使用玻璃，而玻璃是由石英矿物制成的。

在农业上，各种化肥如磷（磷灰石）、钾（钾盐）等几乎都是从天然矿物中提取的。

除此之外，核材料的生产，是由含放射性矿物所提取的放射性元素而得到的。主要的放射性矿物有沥青铀矿、晶质铀矿、铀黑等。防辐射的矿物有蓝石棉，它可以织布，制作成防辐射产品。

矿物对人类来说，衣、食、住、行都离不开。

萤石的化学成分是氟化钙，是提取氟的重要矿物。萤石有很多种颜色，也可以是透明无色的，在紫外线或阴极射线照射下常发出蓝绿色荧光，它的名字也就是根据这个特点而来。

但萤石还有另外一个名字——蛇眼石。这还有个故事呢！古代印

地球、宇宙与空间科学（地理）

度人发现，有个小山岗上的眼镜蛇特别多，它们老是在一块大石头周围转悠。其一的自然现象引起人们探索奥秘的兴趣。原来，每当夜幕降临，这里的大石头会闪烁微蓝色的亮光，许多具有趋光性的昆虫便纷纷到亮石头上空飞舞，青蛙跳出来竞相捕食昆虫，躲在不远处的眼镜蛇也纷纷赶来捕食青蛙。于是，人们把这种石头叫作"蛇眼石"。后来才知道蛇眼石就是萤石。

萤石有很多用途，如作为炼钢、铝生产用的熔剂，用来制造乳白玻璃、搪瓷制品、高辛烷值燃油生产中的催化剂等等。

哇，原来矿物有这么多用处啊！

小资料

愚人金——黄铁矿

黄金是贵重物品，但要想得到真正的黄金，光靠一双慧眼还不够，因为"愚人金"会让你一叶障目。"愚人金"的矿物学名称为黄铁矿，化学成分 FeS_2，颜色为淡金黄色，骤然一看颇似黄金。如何识别"愚人

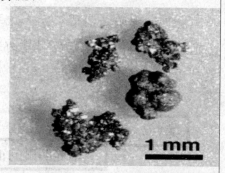

1 mm

金"和真正的黄金呢？只要拿它在不带釉的白瓷板上一划，一看划出的条痕（即留在白瓷板上的粉末），就会真假分明了。金矿的条痕是金黄色的，黄铁矿的条痕是绿黑色的。另外，用手掂一下，手感特别重的是黄金，因为自然金的比重是 15.6—18.3，而黄铁矿只有 4.9—5.2。

地球、宇宙与空间科学（地理）

探索

揭开夜明珠之谜

夜明珠一直是我国传说中的神奇宝石。据说清朝慈禧太后死后，含在口中的就是一颗世间罕见的夜明珠，也是因为这颗珠子才保证了慈禧太后的尸身不腐。

夜明珠究竟是一种什么样性质的奇宝？其实夜明珠夜明珠系相当稀有的宝物，古称"随珠"、"悬珠"、"垂棘"、"明月珠"等。夜明珠很多时候充当着镇国宝器的作用。通常情况下所说的夜明珠是指荧光石、夜光石。古书记载夜明珠用火烧时会发出美丽的光芒。它是大地里的一些发光物质经过了千百万年，由最初的岩浆喷发，到后来的地质运动，集聚于矿石中而成，含有这些发光稀有元素的石头，经过加工，就是人们所说的夜明珠，常有黄绿、浅蓝、橙红等颜色，把荧光石放到白色荧光灯下照一照，它就会发出美丽的荧光，这种发光性明显的表现为昼弱夜强。此外，部分工艺品也利用萤石的特征制作一些冠以"夜明珠"名称的饰品。

动手做一做

培养明矾的正八面晶体

试验材料：明矾（中药行买）一块，约鸡蛋大小；空的玻璃瓶二个，一小段缝纫线，免洗筷一双

试验过程：

①小烧杯加水半满，置于锅子中，隔水加热；

②将明矾击碎成粉末，倒入小烧杯中，调配成饱和溶液；

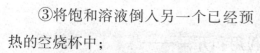

③将饱和溶液倒入另一个已经预热的空烧杯中；

④在烧杯上横放一免洗筷，筷上绑上一小段缝纫线，让线尾垂入溶液。

小百科

十二月生辰石

生辰石据说同圣经中的十二基石、胸甲十二颗宝石、伊斯兰的十二天使和天体十二宫的传说有关。久而久之，佩戴诞生月宝石成为一种习俗，在如今，更成为一种时尚。

1月：石榴子石

2月：紫水晶

3月：海蓝宝石血玉髓

4月：钻石

5月：祖母绿

6月：珍珠或月光石

7月：红宝石

8月：橄榄石

9月：蓝色蓝宝石

10月：欧泊或粉色碧玺

11月：黄玉或黄水晶

12月：绿松石或锆石

太阳之石的利用和开采——煤

为什么称煤为太阳石呢？

这就要从煤的形成上说起！

　　绿色植物吸收太阳光，进行光合作用，植物才会越长越高。但随着海平面的变化，植物被水淹而死亡，在地下形成有机层，经过漫长的地质作用，在温度增高、压力变大的还原环境中，这一有机层最后转变为煤层。

　　所以，煤是从植物变成来，那它无疑是太阳的产物，因为植物的生长靠的就是太阳能。

煤是怎么形成的？

泥和沙

沼泽中生长的树木

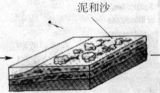

树木死亡，被泥沙覆盖子

煤

死亡树木的残骸受压形成煤

　　早在远古时代，地球上还没有人类，气候比现在也要温暖湿润得多，海边和内陆湖沼地带由于水分充足，营养丰富，植物茂盛地生长着。随着植物一批批生长，又一批批死亡，植物遗体越堆越多，在细菌的作用下，

生长茂盛的植物

植物的遗体最终变成一种黑褐色或褐色的淤泥状物质——泥炭，它是煤即将形成的前奏。

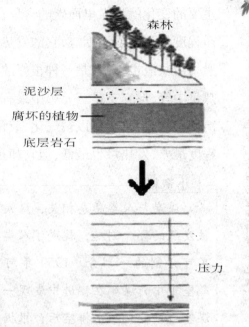

森林

泥沙层
腐坏的植物
底层岩石

压力

煤的形成过程

有了植物遗体就成形成煤了吗？不是的，如果地壳永远不变的话，即使有了很多植物遗体，煤也是无法形成的。正如做饭，既要有米，也要有火才行。

地壳是十分好动的，不断地上升和下降。当地壳下降时，泥炭层会被陆地上的河流带来的泥沙掩埋，而且随着地壳的不断下降，覆盖在泥炭层上的泥沙会越来越厚，泥炭层会被掩埋得越来越深。这些被掩埋的植物遗体，经过长期的高温高压和细菌的作用，形成了煤。

煤氏三兄弟

因埋深和埋藏时间的差异，形成的煤也不尽相同。最初，被掩埋的植物遗体，经过长期的高温高压和细菌的作用，形成了褐煤。褐煤在高温高压下，将继续失去水分和挥发水分，碳会进一步增加，慢慢地变成了烟煤；烟煤进一步变化，最后变成了无烟煤。

由褐煤、烟煤到无烟煤的过程，最

主要的变化就是煤里面碳的含量在不断地增多。所以，"煤氏三兄弟"中变质程度最深的是无烟煤，它的发热量也最高。烧起来火力很强，烟尘很少，燃烧后灰渣也不多，是一种很好的燃料；烟煤虽说变质程度比无烟煤差，发热量中等，但它支是三兄弟中最有出息的一个，因为它不仅可以用来炼焦、冶炼钢铁，而且还可以被气化、液化用于生产和生活的许多方面；褐煤变质程度最差，发热量也最低，但它却是很好的化工原料！

小资料

　　煤炭与人类息息相关，煤炭从它被发现的那一刻起，就成了人类生活不可分割的一部分。1959 年河南省鹤壁市中新煤矿在掘进中发现一座古煤窑遗址，把积水排空后，根据里面的生活用具和生产工具得以考证，这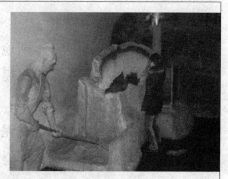是一处宋代古煤矿遗址，它也是我国目前发现最早、保存较完整的煤窑遗址。

 本领谁最大——煤的利用

　　我们把煤放到炼焦炉里，隔绝空气，加热到 1000℃ 左右时，就可得到焦炭、煤焦油和焦炉气这些产品。1 吨优质炼焦煤，经焦化，可得到 700～800 千克焦炭，30～40 千克的煤焦油和 100 多千克的焦炉气。其中，焦炭是冶金工业的"粮食"，而且还可以用来生产煤气、电极、合成氨、电石等。电石除用于照明、切割和焊接金属外，还是生产塑料、合成纤维、合成橡胶等重要化工产品的原料。至于焦炉气么，首先它是很好的气体燃料，使用煤气这在许多城市里已是很普遍的了。其次它也是重要的化工原料。

小实验

煤的干馏实验

试验材料：试管（或铁管、瓷管）、

酒精灯、U型管、烧杯

实验现象：

①烟煤粉放在试管内隔绝空气加热

②过一会就会有气体放出

③U型管底部出现一种黑褐色的粘稠的油状物。

思考：

①U型管有什么用？

②U型管内的液体是什么物质？

③可以点燃的气体是什么成分？

④最后试管内会留下什么？

煤焦油的本领最大，用它可以制造出千百种用途各异、色彩缤纷的化工产品。于是，煤焦油一下子成了有机化学工业珍贵的"原料仓库"。比如染料、香料、合成橡胶、塑料、合成纤维、农药、化肥、炸药、洗涤剂、除草剂、溶剂、沥青、油漆等等。制造这些产品的原料都可以从煤焦油中获得。

产品		主要成分	用途
焦炉煤气	焦炉气	氢气、甲烷、乙烯、一氧化碳	气体燃料、化工原料
	粗氨水	氨、铵盐	炸药、染料、医药、农药、合成材料
	粗苯	苯、甲苯、二甲苯	
煤焦油		苯、甲苯、二甲苯	
		酚类、萘	染料、医药、农药、合成材料
		沥青	筑路材料、制碳素电极
焦炭		碳	冶金、合成氨造气、电石、燃料

煤干馏的主要产品及用途

小资料

不同时期煤炭的利用

人们认识和利用煤炭资源的过程，是随着生产力的发展和科学技术的进步而逐步扩大的。煤炭的用途极为广泛，素有"乌金"之称，人们不但以煤炭作为燃料，而且把煤炭当作工业原料。近一个世纪以来，世界能源的生产结构和消费结构都发生了很大的变化，对煤炭资源的数量需求和质量要求也在不断地变化。

（1）前煤炭时期

18世纪中期以前，由于生产力不发达，对能源的需求量少，人们一直以地球上分布广泛而容易获取的木柴、水力等作为基本能源。这一时期，人们对煤炭的认识尚处于初级阶段，煤炭

木柴锅炉

的开发利用程度较低，而木柴在能源消费中占据首位，所以被称为能源的"木柴时代"。

（2）煤炭时期

以蒸汽机为主要标志的产业革命，促进了煤炭资源的大规模开发和使用。煤炭工业的建立和以煤为主的能源体系的形成，对当时世界工业布局和经济发展产生了深刻影响。如19世纪俄国的顿巴斯、德国的鲁尔、美国的阿巴拉契亚矿区，都形成了以煤炭和钢铁工业为骨干的大型工业区。至20世纪初，世界能源进入了以煤为主的"煤炭时代"。

（3）后煤炭时期

随着内燃机的问世，汽车、飞机、船舶制造业兴起，各工业部门和运输业相继采用石油产品作为燃料，致使石油消费量显著增加。自20世纪60年代初开始，煤炭在世界能源中的优势地位逐渐被石油和天然气所取代，世界能源进入"石油时代"。

从长远看，能源消费结构将从传统的以化石能源为主，转向以可再生能源（太阳能、水能、风能、生物能等）为主的能源的多样化利用阶段，在转换的过渡期仍以石油、天然气、煤炭为主。

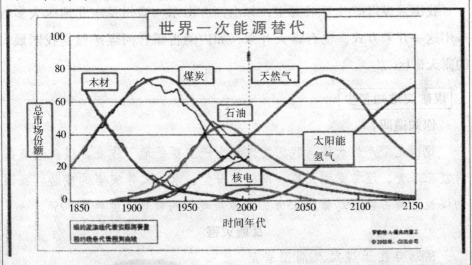

煤炭的开采

采煤向来是一项最艰苦的工作，当前正在花较大的力量来改善工作条件。

由于煤炭资源的埋藏深度不同，一般相应的采用矿井开采（埋藏较

矿井开采

深）和露天开采（埋藏较浅）两种方式。可露天开采的资源量在总资源量中的比重大小，是衡量开采条件优劣的重要指标，我国可露天开采的储量仅占7.5%，美国为32%，澳大利亚为35%；矿井开采条件的好坏与煤矿中含瓦斯的多少成反比，我国煤矿中

露天煤矿

含瓦斯比例高，高瓦斯和有瓦斯突出的矿井占40%以上。

我国采煤以矿井开采为主，如山西、山东、徐州及东北地区大多数采用这一开采方式，也有露天开采，如内蒙古霍林河煤矿就是我国最大的露天矿区。

煤矿灾难知多少

你知道吗?

我国是个产煤大国，我国的煤炭生产主要是地下作业，煤矿地质条件复杂多变，经常受到瓦斯、顶板、粉尘、水、火等灾害的威胁。我国的煤炭产量占世界总量的35%，但矿难死亡人数却占世界的80%。

瓦斯灾害

瓦斯存在于煤层及周围岩层中，是井下有害气体的总称，主要成分是甲烷，具有易燃易爆的特性。

主要成分是甲烷

瓦斯爆炸需要具备足够的瓦斯浓度、火源、氧气这三个条件，如果空气中有氧气，而瓦斯到达一定的浓度，遇到火源就会发生爆炸。

煤层顶板事故

顶板是指煤层上面的岩层，煤层采空之后岩层失去支撑而往下塌落，就会造成顶板事故，也称为冒顶。

顶板事故通常来势凶猛，冒落的岩石不但会造成巷道损坏，甚至还会砸伤工人，严重的更可能造成人员死亡。在我国的煤矿生产事故中，无论从发生次数还是死亡人数来看，矿井顶板事故都排在前列。

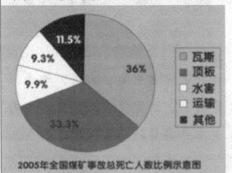

2005年全国煤矿事故总死亡人数比例示意图

粉尘危害

粉尘指的是煤矿在生产过程中产生的各类固体物质细微颗粒的总称。悬浮在空气中的浮尘可以引发尘肺病，而煤层中产生的煤尘则具有爆炸性。

煤矿开采时，打眼的过程中会造成高浓度的呼吸性粉尘，而装岩时则会造成岩尘飞扬。同时，放炮、攉煤、装载或转载也是产生粉尘的根源。其中85%来源于打眼；10%来自放炮，5%来自装岩。

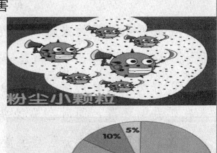

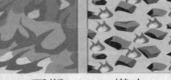

瓦斯　　　　煤尘

矿井火灾事故

火灾无情，矿井火灾也不例外。它能造成大量的矿物资源和物质财富的损失，并能引起瓦斯和煤尘的爆炸，还可以产生"火风压"使风逆转，造成通风系统紊乱，矿井发生火灾之后，产生大量剧毒的一氧化碳气体，易使井下人员中毒伤亡。

发生矿井火灾的原因有两种：一是外部火源引起的火灾，称为外因火灾，例如井下电源设备短路产生电火花，违章放炮或瓦斯煤尘的燃烧和爆炸都可能引发火灾，二是煤炭本身的物理化学性质的内在因素引起的火灾。

矿井水灾事故

矿井漏水常见的来源有地表水、地下水、以及矿井废弃巷道中的积水（俗称"老空水"）和岩层断裂缝隙中积存的"断层水"。

矿井漏水量有大有小，完全没有漏水的矿井是很少的。矿井水会恶化矿井的环境，同时会腐蚀井下的金属材料，而一旦发生突水或透水事故，则可能淹没矿区甚至造成人员伤亡。

同居密友——石油和天然气的利用及问题

石油和天然气都有哪些作用呢?

实验

如图所示，将 100 mL 石油注入到蒸馏烧瓶中，再加入几片碎瓷片以防石油暴沸。然后加热，分别收集 60 ℃ ~ 150 ℃ 和 150 ℃ ~ 300 ℃ 时的馏分，就可以得到汽油和煤油。

思考： 石油蒸馏的原理是什么?

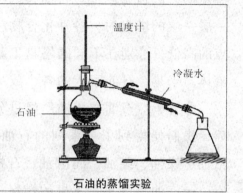

石油的蒸馏实验

由于石油具有燃烧值高、灰分少、便于运输和使用的特点，19 世纪中叶，石油资源的发现开创了能源利用的新时代。

石油是地质历史时期的低等生物大量沉积在浅海和湖泊中，在缺氧条件下变成有机质，再经过复杂的地质作用，汇集起来成为石油和天然气。

石油和天然气的成分很相似，它们通常都住在一起，所以凡是有石油的地方，一般都有天然气。

200 多年前，人们开始用蒸馏的方法来提炼石油。如果我们来到炼油

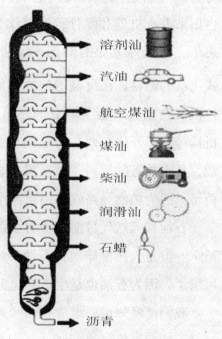

精馏塔及产品

地球、宇宙与空间科学（地理）

厂，看到的设备主要有两部分，一个是加热炉，一个是精馏塔。

精馏塔有几十米高，里面有一层一层的塔盘。石油蒸汽从塔底上升到塔顶，必须经过一层一层的塔盘，塔底温度高，塔顶温度低。石油蒸汽经过这一层一层的塔盘时，各种化合物就按沸点的高低，分别在不同的塔盘里凝结成液体。于是，石油家族的各个成员就被一一分开了。石油在炼油厂经过分馏之后，我们便得到了一系列的石油产品：汽油、煤油、柴油、润滑油、石蜡、沥青……汽油是汽车、飞机的燃料，有的也用来擦洗机器和零件，或者作为油漆、皮革、橡胶等工业的溶剂；煤油是喷气

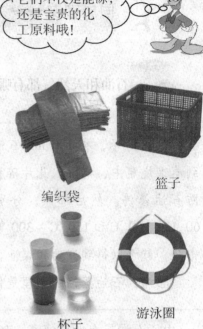

它们不仅是能源，还是宝贵的化工原料哦！

编织袋　　　　　篮子

杯子　　　游泳圈

你能想象这些都是用石油生产的吗？

式飞机的燃料，在没电的地方人们还用这来点灯照明；柴油是轮船、拖拉机、收割机、甚至坦克的燃料；润滑油，那更是飞机、汽车、轮船、机器等离不开的东西；石蜡则成为制造蜡烛、蜡笔、蜡纸、洗衣粉、鞋油、凡士林等的原料；至于黑乎乎的沥青么，这恐怕是大家很熟悉的东西了，因为柏油马路就是用沥青作为主要材料铺成的。

石油和天然气目前是世界上的主要能源，约占世界能源消费总量的70%。但是，你可知道，石油和煤一样，把它作为燃料烧掉，实在是太可惜了，因为石油也是宝贵的化工原料。

我们已经知道，组成石油和天然气的主要化学元素是碳和氢。　通过对石油和天然气进行加工，得到的主要是诸如甲烷、已烯、已炔等基

地球、宇宙与空间科学（地理）

本化工原料。

首先是大家非常熟悉的塑料。在我们的周围，用塑料做的东西真是到处可见，像茶杯、脸盆、桌布、塑料袋、矿泉水瓶、电缆包皮……你一口气可以说出几十种甚至几百种。

石油和天然气不仅能制造塑料，而且还可以制造出色彩缤纷的新衣料，即合成纤维。你常见到的"尼纶""绦纶""腈纶""维纶""丙纶"，便都是合成纤维。合成纤维除了可以做衣料外，还可以编织渔网、做缆绳、化肥袋子、传送带等。

此外，石油、天然气还能制造橡胶，生产化肥、农药。

你知道还有哪些是由石油、天然气为原料的吗？

小资料

在世界的各个地区，原油品种有很大差别。按重度分，有轻、中、重三种；按含硫量分，有低硫、含硫、高硫三种。原油品种可分为低硫轻油、含硫轻油、含硫中油和重油、高硫中油和重油等。低硫轻油经济价值最高，是原油中的佼佼者，主要集中在非洲、北海和东南亚。含硫轻油为数较多，主要分布在中东和俄罗斯。含硫中油、重油和高硫中油、重油数量最多，主要分布在中东和拉美。

我国石油资源集中分布在渤海湾、松辽、塔里木、鄂尔多斯、准噶尔、珠江口、柴达木和东海陆架八大盆地，其可采资源量172亿吨，占全国的81.13%；天然气资源集中分布在塔里木、四川、鄂尔多斯、东海陆架、柴达木、松辽、莺歌海、琼东南和渤海湾九大盆地，其可采资源量18.4万亿立方米，占全国的83.64%。

地球、宇宙与空间科学（地理）

你知道一桶石油是多少升？

1 吨约等于 7 桶，如果油质较轻（稀）则 1 吨约等于 7.2 桶或 7.3 桶。

美欧等国的加油站，通常用加仑做单位，我国的加油站则用升计价。

1 桶 =42 加仑

1 加仑 =3.78543 升

美制 1 加仑 =3.785 升

英制 1 加仑 = 4.546 升

所以，1 桶 =158.99 升

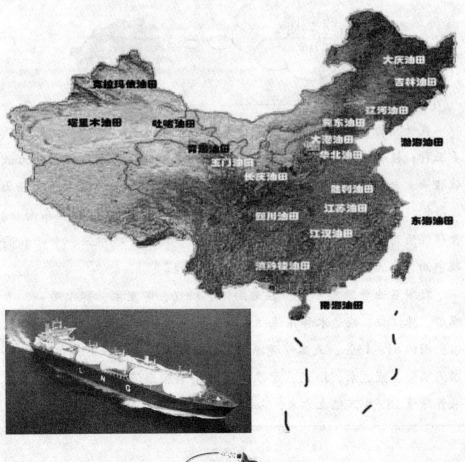

什么是 LNG 和 CNG？

CNG 是压缩天然气的英文缩写，主要用于短途汽车和市郊小区供气。

LNG 即液化天然气，是一种低温液态燃料，可常压存储运输。可用作汽车、铁路机车、船舶甚至航空飞行器的燃料。

和石油相比，天然气发展的潜力和势头都要大些。2006 年底，全球天然气的储采比达 61.7。那就是说，即便今后再没有一点新储量发现，现有的储量也可以开采 62 年。因此，天然气增加产量的余地很大。今后 10～20 年，全球天然气产量的增长会高于石油。

和石油一样，天然气分布也极不均衡。2006 年，俄罗斯、伊朗、卡塔尔三国的储量加起来是 100 万亿立方米，占全世界的 57.6%。不同于石油，天然气的产量增加，取决于外输能力。因为相对煤和石油而言，天然气对运输存储的条件要求非常苛刻，这点严重影响了天然气早期的推广应用，现代随着低温液化、管输等相关技术的进步发展，才在经济相对发达地区规模化应用。

温液化、管输等相关技术的

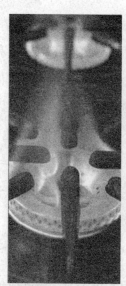

燃气灶

燃气空调

天然气还具有其他能源无法代替的优势。因为它是较为安全的燃气之一，它不含一氧化碳，也比空气轻，一旦泄漏，立即会向上扩散，不易积聚形成爆炸性气体，安全性较高。采用天然气作为能源，可减少煤和石油的用量，因而大大改善环境污染问题；天然气作为一种清洁能源，能减少二氧化硫和粉尘排放量近100％，减少二氧化碳排放量60％和氮氧化合物排放量50％，并有助于减少酸雨形成，舒缓地球温室效应，从根本上改善环境质量。

天然气作燃料的出租车

但是不管是石油还是天然气都是不可再生资源。目前，舆论界对加快发展替代能源的呼声很高。不过，石油天然气的突出地位难以动摇。世界能源问题的根本性解决，指望核聚变的技术突破。核电和水电，目前在世界能源构成中，总共只占10％左右，受铀和水力资源的局限，它们不可能取代石油和天然气。太阳能利用大有可为，但是，规模有限，目前的比重不到1％。至于生物能源，如乙醇，在个别农业资源特别巨大的国家可以发挥大的作用，在世界范围内，土地首先要保证50亿～60亿人吃饱饭，它动摇不了石油天然气的地位。

石油的利用也要合理哦，石油燃烧会污染大气，石油泄漏会怎么样呢？

 石油利用会出现什么问题呢？

石油污染

石油污染是指石油开采、运输、装卸、加工和使用过程中，由于泄漏和排放石油引起的污染，主要发生在海洋。石油漂浮在海面上，迅速扩散形成油膜，可通过扩散、蒸发、溶解、乳化、光降解以及生物降解和吸收等进行迁移、转化。油类可沾附在鱼鳃上，使鱼窒息，抑制水鸟产卵和孵化，破坏其羽毛的不透水性，降低水产品质量。油膜形成可阻碍水体的复氧作用，影响海洋浮游生物生长，破坏海洋生态平衡，此外还可破坏海滨风景，影响海滨美学价值。石油污染防治，除控制污染源，防止意外事故发生外，可通过围油栏、吸收材料、消油剂等进行处理。

石油危机

世界经济或各国经济受到石油价格的变化，所产生的经济危机称为石油危机，而对石油资源的争夺往往导致战争的爆发。迄今被公认的三次石油危机，分别发生在 1973 年、1979 年和 1990 年，分别爆发了第四次中东战争，两伊战争和海湾战争。此外，2003 年国际油价也曾暴涨过，原因是以色列与巴勒斯坦发生暴力冲突，中东局势紧张，造成油价暴涨。

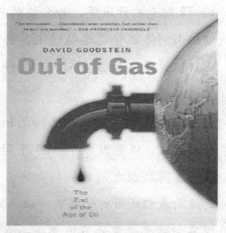

海湾战争末期的 1991 年，撤退的伊拉克军队在科威特北部的 600 多口油井放火。大火烧了将近一年的时间才扑灭造成了严重的环境危害。

地球、宇宙与空间科学（地理）

海湾战争与石油资源

从1990年初开始，在伊拉克总统萨达姆·侯赛因的授意下，伊拉克的官员几次三番地对其近邻科威特进行习难。8月2日凌晨2时，随着萨达姆一声令下，30万伊军以被萨达姆称为"军中之军"的伊拉克精锐部队——共和国卫队为主力，在350辆T—72坦克的开道下，如天边的炸雷，以排山倒海之势迅速越过125公里长的科伊边境，长驱直入，冲向科威特首都科威特城。

海湾战争实质上是伊拉克和由联合国授权、以美国为首的34个国家组成的多国联盟之间的一场战争。战争的结局我们从历史资料上可以了解到，用高新技术武装的多国部队一直控制着战争的主动权，战争以伊拉克败北而告终。

为什么要在这里讲述这个战争故事呢？主要是因为海湾战争爆发的根源十分发人深省。

因为海湾战争实际上是对石油资源的争夺。伊拉克和科威特都是盛产石油的海湾国家，伊拉克进攻科威特的理由有三条：

一是石油政策，伊拉克指挥科威特伙同阿联酋超产石油、降低油价、不执行欧佩克制定的限产保价政策；

二是偷采石油，伊拉克指控科威特在两伊战争期间蚕食伊拉克领土，在伊拉克领土上建立石油设施和军事设施，并且在伊拉克南部鲁迈拉油田南部偷采属于伊拉克的石油，价值24亿美元；

三是债务问题，伊拉克在两伊战争期间曾向科威特借款100亿美元，伊拉克认为它与伊朗作战是为了保卫阿拉伯民族，应免除战争债务。而科威特对上三条理由他们有自己的看法，双方从争吵、新闻战最后到刀兵相见。

那么多国部队（主要是西方各国）又为什么积极参与海湾战争呢？是为了充当国际警察，救科威特人民于水深火热？也许美国等西方国家希望从海湾战争中树立起"世界警察"的形象，但根本出发点决不在这里，正如美国前总统尼克松所言："美国出兵海湾战争，既不是为了民主，也不是为了自由，而是为了石油。"海湾国家生产的石油90%供出口，主要销往西欧、美国和日本，其中美国进口石油的26.9%、西欧进口石油的51.9%、日本进口石油的64.6%来自海湾。海湾地区由于拥有丰富的石油，就成为世界就能源矛盾的焦点，海湾石油成为国际政治斗争的工具，海湾战争是西方国家争夺石油和霸权的必然产物。

青少年朋友，以上用如此多的笔墨来介绍海湾战争，是为了向大家

地球、宇宙与空间科学（地理）

说明，不可再生资源已为当今国际社会所广泛关注和激烈争夺，它是人类社会发展的重要物质基础。它之所以如此重要，之所以引起争夺，便是由于它的不可再生性。

想一想，怎样才能避免石油危机，最根本的解决办法是什么？

阅读版块

同宗不同命——石墨与金刚石

提起钻石，人们就会联想到光彩夺目、闪烁耀眼的情景，你知道钻石是什么吗？它的化学成分是碳（C），天然的钻石是由金刚石经过琢磨后才能称之谓"钻石"。

石墨给你的第一印象恐怕就是黑而软。你用手摸它一下，马上就会擦上一手黑；你用手轻轻捏它一下，就可把它捏碎，说它其貌不扬一点都不过分。

钻石   石墨

可是你知道吗？晶莹美丽的金刚石和黑乎乎的石墨可是"孪生"兄弟。金刚石和石墨的化学成分都是碳（C），科学家们称之为"同质多像变体"，也有人称"同素异形体"。从这种称呼可以知道它们具有相同的"质"，但"形"或"性"却不同，且有天壤之别。

金刚石是目前最硬的物质，而石墨却是最软的物质之一。大家都知道铅笔芯就是用石墨粉和粘土配比而制成的，石墨粉多则软，用"B"表示，粘土掺多了则硬，用"H"表示。金刚石最突出最重要的特性，就在于它的坚硬，由金刚石制成的车刀，可以切削任何特硬材料。矿物学家用摩氏硬度来表示相对硬度，金刚石为10，而石墨的摩氏硬度只有1。它们的硬度差别那么大，关键在于它们的内部结构有很大的差异。

石墨内部的碳原子呈层状排列，层与层之间联系力非常弱，而层内三个碳原子联系很牢，因此受力后层间就很容易滑动，这就是石墨很软能写字的原因。

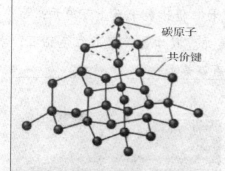

金刚石的结构　　　　**石墨的结构**

金刚石内部的碳原子呈"骨架"状三维空间排列，一个碳原子周围有4个碳原子相连，因此在三维空间形成了一个骨架状，这种结构在各个方向联系力均匀，联结力很强，因此使金刚石具有高硬度的特性。

石墨和金刚石的硬度差别如此之大，但人们还是希望能用人工合成方法来获取金刚石，因为自然界中石墨（碳）藏量是很丰富的。但是要使石墨中的碳变成金刚石那样排列的碳，不是那么容易的。

直到1938年学者罗西尼通过热力学计算，奠定了合成金刚石的理论基础，算出要使石墨变成金刚石，至少要在15000个大气压、摄氏1500度的高温条件下才可以。到五六十年代终于建成了能达到上述条件的仪器装置。在5－6万大气压及摄氏1000至2000度高温下，再用金属铁、钴、镍等做催化剂，可使石墨转变成金刚石。

为什么钻石那么贵？

天然的钻石是非常稀少的，世界上重量大于1000克拉（1克＝5克拉）的钻石只有2粒，400克拉以上的钻石只有多粒，我国迄今为止发现的最大的金刚石重158.786克拉，这就是"常林钻石"。正因为物以稀为贵，目前在国际市场上，经过加工后大于1克拉的普通钻石，每克拉售价达数千至上万美元；如果是优质钻石，每克拉售价可达数万美元。假如是珍贵的红色钻石，其成交价则高达每克拉几十万，甚至上百万美元。

骄傲的黑色家族——铁

铁是从铁矿石里提炼出来的，这是大多数人都知道的常识。但铁矿石是怎样形成的？铁矿石中的铁又是从哪里来的？恐怕就不是人人都知道的了。科学研究告诉我们，在地壳中铁的含量约4.2％，是地壳中含量仅次于铝，居第二位的金属元素。而铁在

铁矿石

整个地球的含量则比这还要大得多，约占地球质量的35％左右，也就是说，在地球的内部，铁是很多的。

但是在古代的埃及人把铁叫做"天石"。这是因为在那时，铁和黄金一样难以找到，埃及人所用的铁，有一部分就是从天上掉下来的陨铁里

提炼出来的。陨石中含铁的百分比很高，是铁和镍、钴等金属的混合物，在融化铁矿石的方法尚未问世，人类不可能大量获得生铁的时候，铁一直被视为一种带有神秘性的最珍贵的金属。

铁的发现和大规模使用，是人类发展史上的一个光辉里程碑，它把人类从石器时代、铜器时代带到了铁器时代，推动了人类文明的发展。至今铁仍然是现代化学工业的基础，人类进步所必不可少的金属材料。

铁是地球上应用最广，也是最重要的金属。铁和铁制品在我们的生活中用途极为广泛，从小螺丝钉到大型机器，从日常用的刀剪到枪炮坦克，从拖拉机、汽车到几十万吨的巨型船舶，无一不是用钢铁制造的。

钢铁是钢还是铁？

习惯上常说的钢铁是对钢和铁的总称。钢和铁是有区别的，所谓钢铁，主要由两个元素构成，即铁和碳，一般碳和元素铁形成化合物，叫铁碳合金。含碳量多少对钢铁的性质影响极大，含碳量增加到一定程度后就会引起质的变化。由铁原子构成的物质叫纯铁，纯铁杂质很少。含碳量多少是区别钢铁的主要标准。生铁含碳量大于 2.0%；钢含碳量小于 2.0%。生铁含碳量高，硬而脆，几乎没有塑性。钢不仅有良好塑性，而且钢制品具有强度高、韧性好、耐高温、耐腐蚀、易加工、抗冲击、易提炼等优良物化应用性能，因此被广泛利用。

那么，钢铁是怎么炼成的呢？

高炉炼铁是最常用的一种方法。生产时，从炉顶（一般炉顶是由料种与料斗组成，现代化高炉是钟阀炉顶和无料钟炉顶）不断地装入铁矿石、焦炭、熔剂，从高炉下部的风口吹进热风，喷入油、煤或天然气等燃料。装入高炉中的铁矿石，主要是铁和氧的化合物。在高温下，焦炭中和喷吹物中的碳及碳燃烧生成的一氧化碳将铁矿石中的氧夺取出来，得到铁，

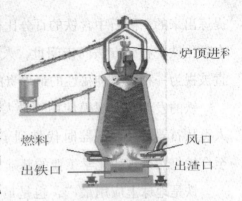

铁是怎么炼成的？

这个过程叫做还原。铁矿石通过还原反应炼出生铁，铁水从出铁口放出。铁矿石中的脉石、焦炭及喷吹物中的灰分与加入炉内的石灰石等熔剂结合生成炉渣，从出铁口和出渣口分别排出。煤气从炉顶导出，经除尘后，作为工业用煤气。

菠菜含铁知多少

食用菠菜有益于健康，但含铁量并没有想象中高

动画片里，大力水手吃了菠菜就会变得肌肉发达，力大无穷。美国科学家的一项研究发现，菠菜中确实含有一种能加速肌肉生长的物质，帮助人们提高肌肉质量。尽管菠菜的含铁量没有想象中高，但菠菜中含有丰富的维生素以及钙、镁、钾等微量元素，对身体的生长发育能起到很好的作用。

错误观点由来：19世纪，瑞士生理学家古斯塔夫·冯·邦格教授分析了100克蔬菜粉，从中发现了35毫克铁，但其相当于1公斤鲜菠菜这一点被完全忽视了。

"鸳鸯矿物"——雄黄和雌黄

矿物世界中，经常会有两种以上的矿物共生在一起的现象。有一种含砷的硫化物，犹如一对鸳鸯，常常被人们发现共生在一个矿点上，它们就是雌黄和雄黄。雌黄的化学成分为 As_2S_3，雄黄的化学成分为 AsS。

雄黄别名明雄黄、黄金石、石黄。桔红色，条痕呈浅桔红色。金刚光泽，断口为树脂光泽。性脆，熔点低。用炭火加热，会冒出有大蒜臭味的白烟。

雌黄雌黄常呈柠檬黄色，条痕鲜黄色，金刚光泽至油脂光泽，透明。晶体形态常呈短柱状、板状或片状。

雌黄和雄黄的硬度均较小，解理又发育，很少能琢磨成型。但是它们同时都具有晶莹美丽的颜色，当晶形发育完整时，可以作为观赏石或收藏品收藏。因它们硬度小，易于损坏，所以不能制作饰品佩戴。

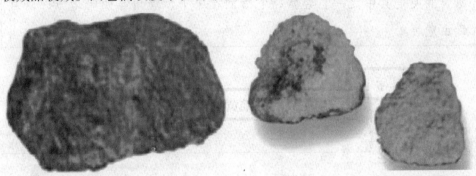

雄黄　　　　　　　　　　　　　　雌黄

你一定听过"信口雌黄"和"雄黄酒"。雌黄可出于口内，雄黄可入于腹中。或者两者也都可以落于腹中，但吃的分量，雌黄比雄黄轻得多。雌黄可以用来制成颜料或做褪色剂，《吴越春秋》中说到某个宫殿，"因途雌黄，故曰黄堂"；在古代，雌黄作涂料的一个重要功能是写字时用的涂改液，因为古人写字的纸张都是黄色，所以一旦出错就用雌黄涂料把纸涂黄了再重写。"雌黄"的最著名的故事来自魏晋时代，"口中雌黄"的这一高人叫做王衍，担任元城县令时很少办公事，经常约人在一起没完没了地闲聊，还经常前后矛盾，漏洞百出，有人质疑时，他随口更改。"口中雌黄"最初的意思就是口里善喷涂改液，信口开河。

雄黄的主题词是"药"与"丹"与"酒"与"蛇"。记得这个名字主要是因为记得白娘子在端午节时被雄黄酒逼得显了蛇形。其实，雄黄与蛇的关系并不灵异，就是比较实用的祛毒治病的功能，民间用它做雄黄酒，雄黄酒灭五毒。"唯有儿时不能忘，持艾簪蒲额头王"。额头王，即指每逢端午节时，用雄黄酒在孩子额上画个"王"字。雄黄酒还有很强的除害作用。我国古代，夏季除害灭病的主要消毒药剂，雄黄酒便是其中之一。经常将它喷洒在床下、墙角等阴暗地方，以避毒虫危害。

小小科学家

蛇真的怕雄黄吗？

探索与发现

看过《白蛇传》吗？那你一定对里面的场景记忆犹新。白娘子纵有千年修行，但是在喝了和有雄黄的酒后，还是现出了白蛇的原形，法古以有之，当然《白蛇传》只是神话故事，那自然界中的蛇真的怕雄黄吗？不妨做个实验来验证一下：

实验物品：宠物小蛇一条，雄黄三包（共6克）

　　实验方案一：将雄黄凑近小蛇，观察其反应。

　　实验方案二：在小蛇游动中，用雄黄撒成一条线拦住去路，看它是否继续前行。实验方案三：雄黄撒成一圈，把小蛇放在圈内，看它是否一直呆在圈里。

矿物"爆米花"——蛭石

　　你一定对爆米花都是再熟悉不过了，可是你是否试过把一块岩石放进爆米花机中去呢？还真不知道会有怎样的效果。不过，用不着爆米花机，一样可以让岩石变成"爆米花"。虽然不能吃，用处可是千万别小瞧了！

　　这个有"爆米花"之称的矿物就是蛭石。蛭石是一种层状结构的含镁的水铝硅酸盐次生变质矿物，原矿外似云母，通常由黑（金）云母经热液蚀变作用或风化而成，因其受热失水膨胀时呈挠曲状，形态酷似水蛭，故称蛭石。蛭石按阶段性划分为蛭石原矿和膨胀蛭石，按颜色分类可分为金黄色蛭石、银白色蛭石、乳白色蛭石。

金色蛭石片

银白色蛭石片

蛭石在农业中主要是作盆栽土和土壤调节剂，还用于无土栽培。它的主要作用是可增加土壤的通气性和保水性。除了单独运用外，还可将蛭石与珍珠岩、沙、泥炭等混合起来用。蛭石吸水力很强，因此用蛭石种花不能浇水太勤。在家庭使用中，不要单独用颗粒太小的蛭石养花。因为那样土的通气性会变差，不耐水的植物会因没办法呼吸而被闷死。因为蛭石是一种无机物，所以它不会生虫，也不会腐烂，但它很容易变碎，用上三五年后就会变得如同粉末一样，通气性、保水性都会变差，这时就不能再用了。蛭石本身没有什么肥料的成分，它可以将施入其中的阳离子类肥料吸附住，减少流失。

云母

蛭石具有隔热、耐冻、抗菌、防火、吸水、吸声等优异性能，在800~1000℃下焙烧0.5~1.0分钟，体积可迅速增大8~15倍，最高达30倍。膨胀后的比重50-200kg/m3，颜色变为金黄或银白色，生成一种质地疏松的膨胀蛭石。

膨胀蛭石最适合作高温绝热材料（1000℃以下）和防火绝缘材料。经实验十五公分厚的水泥蛭石板经1000℃高温燃烧4~5小时，背面温度仅为40℃左右。七公分厚的蛭石板经火焊火焰网3000℃高温下烧五分钟上，正面熔化，用手拖着背面仍不觉得热。所以它超过了所有保温材料，凡是需要保温隔热的设备，均可用蛭石粉、水泥蛭石制品。如墙壁、楼顶、冷库、锅炉、蒸汽管道、水塔、危险品保管库等。

地球、宇宙与空间科学（地理）

蛭石膨胀后还可以用于隔音层，防冻设施，植物栽培，化工涂料制造等等。广泛用于建筑、绝缘、冶金、电力、石油、环保、交通运输、填料和农业、园艺等方面。

北煤为什么要南运——我国矿产资源的特点

你一定听说过"北煤南运"、"西气东送"，那你知道为什么我们国家要这么做吗？

　　北煤南运指中国北方地区生产的煤炭向南方，主要是华东和华南沿海地区运输，是中国煤炭运输长期存在的主流向。中国煤炭生产和消费地区分布不平衡，华北地区是煤炭主要产区，煤炭北煤南运运量大、运距长，主要采用铁路、海运和内河水路运输。京沪、京九、京广、焦枝等铁路、沿海长江和京杭运河水路运输都是北煤南运的主要线路。西电东送的原因也是因为生产和消费地区的不平衡。

我国西电东送的主要路线

北通道是"三西"（山西、陕西内蒙古西部）坑口电站和黄河上游水电向华北和山东送电；

中通道是以三峡水电为核心，向华中和华东送电；

南通道是西南水电、坑口电站和三峡水电向广东送电。

北通道

中通道

南通道

按西气东输年输天然气120亿立方米计算，每年可替代1600万吨标准煤，减少排放27万吨粉尘，使我国一次能源结构中天然气消耗增幅达50%。天然气的热效率远远高于煤炭，如果按120亿立方米测算，比利用煤炭可节约能源437万吨标准煤。每吨标准煤按300元计算，则每年可节约燃料价值13亿多元。

我国矿产资源到底具有什么样的特点呢？我们具体来看一看吧！

矿产资源是一种十分重要的非可再生自然资源，是人类社会赖以生存和发展的不可或缺的物质基础。它既是人们生活资料的重要来源，又是极其重要的社会生产资料。据统计，当今我国95%以上的能源和80%以上的工业原料都取自于矿产资源。

矿产总量世界排名第二　　人均占有量只有世界平均的58%

那么，我国的矿产资源有什么特点呢？

①资源总量较大，人均资源量少。

中国向来有地大物博之说，那是因为我国矿产资源总量丰富，约占世界的12%，仅次于美国和前苏联，居世界第三位。但是人均占有量只有世界平均水平的58%，居世界第53位，个别矿种甚至居世界百位之后。

②矿产资源种类齐全，配套程度高，但质量相差悬殊，结构性短缺明显存在。

中国是世界上探明矿产种类最多的国家之一，部分矿产在世界上具有优势，但铁、铜、石油、天然气、钾、硫等大宗性矿产资源不足；贫矿多，富矿少；伴生矿多，单一矿少；中小型矿多，大型超大型矿少。

③矿产资源分布格局与现有生产力布局不相区域，开发利用条件受到制约。

我国重要矿产集中分布在几个省（区），例如，煤集中在山西、陕西、内蒙古、新疆4省（区）；铁矿集中在辽宁、河北、四川3省的局部地区；铝集中在山西、河南、贵州、广西；磷矿集中于云南、贵州、四川、湖北；

还有一些大型矿床分布于边远地区。我国资源富集区与资源加工区、消费区距离遥远，北煤南运、西电东送、南水北调、南磷北运，致使资源成本上升、效益降低。

知识链接

矿石或产品中所含有用成分（元素或化合物）的百分含量称为矿石品位。贫矿指在开采矿石的时候，品位低的矿石。这种矿石通常不能直接冶炼，必须经过选矿过程来提炼，再抛弃废石。针对不同矿产，贫矿、富矿的划分标准差异很大。如铁矿一般30%左右为贫矿，而金矿则为5g/吨左右。

人类文明的印迹——矿产资源的利用

矿产资源是重要的自然资源，也是社会发展生产极为重要的物质基础。国民经济的一切领域，无不与矿产资源的开发利用密切相关。从工业、农业、交通运输、国防和科学研究，以至火箭、导弹、核武器、人造卫星、宇航等尖端技术以及各行各业新技术新材料的采用和人们的日常生活用品，都离不开矿产资源。

一个国家矿产资源开发利用的广度和深度如何，在某种意义上是衡量这个国家经济发展水平的重要标志。没有丰富的铁矿资源，发展工业、防固国防、改善交通运输、建筑高楼大厦等等都是不可能办到的事。比如建设高速公路，实际上高速公路就是钢铁＋水泥＋信号装置，离不开铁矿资源。同样的，没有充足的煤炭、石油、水电等资源，能源问题得不到解决，

钾盐制成的颗粒钾

化工及有关的行业也将停滞不前；没有数量、品种众多的有色金属矿，将严重影响人民的日常生活，严重阻障国民经济、国防建设和现代科学技术的发展；没有非金属矿，我们的住房建设、城市建设以至某些新技术的发展就会受到限制；没有稀土矿产，

钢筋水泥筑造了高楼大厦

有用金属的性能得不到改善，化学工业、玻璃及陶瓷工业将缺少有力的助手，影响原子反应堆、火箭飞船、卫星及激光武器的制造，彩色电视机也将不能出现；没有大量的磷矿和钾盐矿，植物不能茁壮成长，同时还影响人类和动物的生存等等。不难看出，矿产资源的开发利用何等重要。

此外，我国地热资源的开发成了

高科技的发展既需要材料也需要能源

地球、宇宙与空间科学（地理）

一种新型的旅游资源。地球本身像一个大锅炉，深部蕴藏着巨大的热能。在地质因素的控制下，这些热能会以热蒸汽、热水、干热岩等形式向地壳的某一范围聚集。我们平常用来洗浴的温泉是地热资源里的低温地热。

地下冒出的水

图来自《矿产资源法知识 漫话读本》

中国是中低温泉地热大国，约占全球的 7.9%，这个数字表明中国地热温泉资源可开发利用的潜力很大。据统计全国已利用的温泉地热点 1400 多处，我国温泉地热资源丰富的省、市依次是：西藏、云南、广东、河北、天津、福建、辽宁、湖北、湖南、北京、海南等。

温泉泡澡

大多数温泉中都含有丰富的化学物质，所以泡温泉对人体有一定的帮助。比如，温泉中的碳酸钙对改善体质、恢复体力有相当的作用；而温泉所含丰富的钙、钾、氡等成分对调整心脑血管疾病，治疗糖尿病、痛风、神经痛、关节炎等均有一定效果；而硫磺泉则可软化角质，含钠元素的碳酸水有漂白软化肌肤的效果。

另外，因为温泉是天然产生的热水，所以自古以来温泉的价值就广为人类及动物们的充分利用。也因此你可以利用温泉做如下这些事：

（1）煮茶叶蛋：在温泉里煮茶叶蛋这种事，台湾人经常在做，至于好

温泉煮蛋

不好吃可以自己去煮煮看？

（2）川烫青江菜：据了解有高达九成九的温泉都内含高分量的矿物质，因此如果有人考虑在泡温泉之时，带青江菜顺便川烫来吃，这一点没有人反对。

（3）煮火锅：因为温泉常年四季都是热水，也因此有人泡温泉泡到饿了，带火锅料及酱汁想掺在温泉里头边泡边煮来吃。

（4）煮汤圆：利用泡温泉的时候顺便煮汤圆来吃，这是中国人特有的节日可特别享受的泡汤方式。只要将汤圆倒进温泉中无须掺任何配料，等汤圆煮熟了就会浮在水面上，当然这时候就可以一颗一颗捞起来吃。

小实验

我们一起来煮石灰蛋！

石灰煮鸡蛋

材料：生石灰、鸡蛋、一个大罐子、水

方法：先在罐底撒上一层石灰，把鸡蛋用锡纸包好，放到石灰上，再在蛋上洒上一层石灰。最后把水慢慢倒下去。

石灰池里煮鸡蛋

你见过建筑工地上的石灰池吗？石灰池里水声沸腾，蒸汽弥漫，仿佛池子下边有熊熊炉火在燃烧。我还要告诉你一个秘密哦，石灰池里可以煮鸡蛋呢！

因为生石灰与水反应会产生大量的热，小朋友们在做的时候一定要注意安全哦！人要站远一点，不要烫伤！

原来，这是生石灰和水进行化学反应，变成熟石灰，同时大量放热的结果。生石灰的化学名字叫氧化钙，它平时就能吸收空气中的潮气，浸在水里更是反应剧烈，和水化合成氢氧化钙。这是一个放热反应。一公斤氧化钙和水反应，产生的热量可以烧开将近两热水瓶的水呢。

三"高"一"低"——矿产资源开发和利用中的问题

随着工业化、城镇化进程加快和人民生活水平的提高，经济社会对矿产资源的需求日益增长，当前矿产资源开发利用中存在高耗费、高排放、高污染、低效率等问题。

由于矿产资源属于不可再生资源，而矿产资源的利用是开发的后续，利用水平和利用效率的高低涉及到资源的消耗方式和对经济的持续贡献程度。

我国目前的经济的发展依靠的仍然是物质资源的大量消耗和粗放的增长方式，资源的利用效率偏低，可持续性差。目前单位资源产出水平与发达国家相比有较大差距，相当于美国的 1/10、日本的 1/20、德国的 1/6，矿产资源的总回收率为 30%，比发达

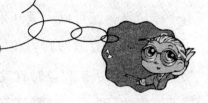

图来自《矿产资源法知识 漫话读本》

国家低 20 个百分点；有色金属再生利用量仅占产量的 15% ~20%，而发达国家达到了 30% ~40%，我国钢铁工业年度废钢铁利用约 3400×10^4 t，占粗钢产量比例的 18.6%，不到世界平均水平的一半。2003 年，我国用世界 30% 的煤，7% 的石油，25% 的钢材和

图来自《矿产资源法知识 漫话读本》

50%的水泥仅仅创造了世界总量4%的GDP。

矿产资源开发中存在不少问题。一是依法开采矿产资源的意识不够，有人认为，为了发展地方经济，只要有矿产资源，就可以大量开采，忽视了资源的合理有效的利用和可持续发

图来自《矿产资源法知识 漫话读本》

展。二是非法采矿现象时有发生，还存在一些人在夜间盗采铁矿石、盗采花岗岩的行为。三是复垦不及时，有些地方因开采矿产留下的矿坑没有回填，造成积水。

我国矿产资源节约与综合利用还有很大潜力，目前，对共伴生矿产进行较好开发的矿山只占1/3，全国固体矿产采选每年产生的尾矿废弃物约5亿吨，尾矿资源潜在价值巨大。据测算，到2010年，通过矿产资源综合利用和提高资源利用效率，每年可为国家多提供煤炭2.5亿吨，煤层气32.5亿立方米，石油700万吨。

阅读

私自开采矿产是否违法？

《矿产资源法》规定，矿产资源属于国家所有，由国务院行使国家对矿产资源的所有权。地表或地下的矿产资源的国家所有权，不因其所依附的土地的所有权或者使用权的不同而改变。

国家保障矿产资源的合理开发利用。禁止任何组织或者个人用任何手段侵占或者破坏矿产资源。

图来自《矿产资源法知识 漫话读本》

地球、宇宙与空间科学（地理）

勘查、开采矿产资源，必须依法分别申请、经批准取得探矿权、采矿权，并办理登记。

但是允许个人采挖零星分散资源和只能用做普通建筑材料的砂、石、粘土以及为生活自用采挖少量矿产。

图来自《矿产资源法知识 漫话读本》

 ## 莫做地球"啃老族"——节约能源，保护矿产资源

背景资料

今天，矿产资源成了我们衣、食、住、行都得依赖的东西，因为我们靠它照明、煮饭、取暖、降温、交通、娱乐；靠它带动工厂生产，带动机器耕作，带动实验室的各种科学仪器；我们靠它维持我们的电脑运转，等等。设想一下，如果能源的供应真的不足了，我们的生活

会不会乱子百出？如果你要远行，因为没有能源汽车开不了了，你只能步行，当你口渴的时候，因为没有能源冰箱等电器也罢工了，冰淇淋吃不了了……你对能源的重要性深有体会了吧？可是我们珍惜过它吗？知不知道，地球上不可再生的能源已经不多了？

随着现代科学技术和经济生产的发展，世界各国对矿产资源的种类与数量的需求越来越多，采矿技术已能够从地表采到地下深部、从易采区到达难采区、从高品位到低品位，既使如此，仍然满足不了人类经济发展的需要。按照目前矿产开采规模和已探明的储存量计算，全球的煤只能采掘200多年、石油仅能开采100年、铁矿石只能开采60—70年、银、锌、汞、铅、硫等只能采20—30年、……，从而使人们认识到地球上的矿产资源不是"取之不尽，用之不竭"的了，综合利用矿产资源已是十分迫切的问题了。

我们应该怎么做？

中国的矿产资源供应，我们国家的基本方针：一是坚持开源与节流并举，把节约放在首位；二是坚持国内国外两种资源并举，首先是立足国内，然后积极开拓国外市场；三是坚持市场调节和政府引导相结合，在宏观调控下充分发挥市场配置资源的基础性作用；四是开发与保护并重，走可持续发展道路。

合理开发利用矿产，走可持续发展道路
图来自《矿产资源法知识 漫话读本》

我国矿产资源对国民经济建设的保证程度可分为以下四类情形：

A. 资源丰富、储量充足，可充分保证国内需要，并能出口创汇的矿产有：煤、钨、锡、钼、稀土、盐、石墨、萤石、菱镁矿、重晶石、滑石、石膏、高岭土、硅藻土、膨润土、硅灰石、水泥灰岩、玻璃硅质原料、石材等19种。

B. 探明储量并可基本保证2000年需要，但2000年后资源形势将趋势紧张的矿产有：铁、锰、铅、锌、镍、硫、磷、铜、石棉、海泡石和凹凸棒石等11种。有人预测铜到2000年，只能达到自给75%。

C. 有一定资源潜力，但探明的后备储量不足，目前可供利用的储量有较大缺口的矿产有：石油、天然气、铜、金、银等5种。

D. 探明储量短缺，且资源前景不明朗的矿产有：钾盐、铬、铂、族、硼、金刚石等5种，其中钾盐用量最大，对农业生产有重要影响。

保护矿产资源从节能开始——每个人都应该这么做

买车注重经济型号
不比面子节能为荣

无人房间灯不亮
人走灯灯成习惯

节能产品仔细挑，家庭省电又省钱

无人使用的会议室、储物室等地方，可安装照明控制器，自动控制照明系统开关。

室内温度调节至27～28℃，使用空调时应关好窗户。办公室设备减少待机能耗。

你知道吗？写字楼电梯耗能占总耗能的比例为8%，酒店电楼耗能占总耗能的比例为10%。

多走楼梯锻炼身体少乘电梯节能降耗

电脑显示器的选择要适当。显示器越大，消耗的能源越多。

为了节电，灯具城里每个款式的灯可只开几个，顾客如果对哪盏灯感兴趣，店员手持长杆按灯的开关，让顾客挑选。安装节能灯泡，可节约电能，提高亮度，减少散热。

你还有哪些节能妙招呢？